机电设备装调技能
（第2版）

◎ 主 编 张国军 胡 剑
◎ 主 审 张 萍

北京理工大学出版社
BEIJING INSTITUTE OF TECHNOLOGY PRESS

内容简介

本书以江苏联合职业技术学院五年制高职机电专业人才培养方案及课程标准为依据，结合机械、机电设备装调维修工的职业资格要求，以常用机电设备为主体，全面介绍了常用机电设备的典型零、部件及典型机电设备的装调基础知识、装配工艺要点、调试运行方法。本教材注重培养学生的动手能力、实际生产能力、安全操作能力、创新能力和职业能力，充分体现"做中学""学中做"的职业教学特色。

本书内容包括：机电设备装调技术规程，机电设备装调常用工、量具选用，CA6140型车床典型部件装调，数控机床典型部件装调，液压与气动控制系统的安装与调试，自动生产线的组装与调试，机电设备装调工考级综合训练。

本书可作为高等院校、高职院校机电类专业综合技能训练教材，也可作为其他性质的学校及企业职工训练教材。

版权专有　侵权必究

图书在版编目(CIP)数据

机电设备装调技能 / 张国军, 胡剑主编. -- 2 版. -- 北京：北京理工大学出版社, 2022.1
ISBN 978-7-5763-0995-9

Ⅰ. ①机… Ⅱ. ①张… ②胡… Ⅲ. ①机电设备 - 设备安装 - 高等学校 - 教材②机电设备 - 调试方法 - 高等学校 - 教材 Ⅳ. ①TH17

中国版本图书馆 CIP 数据核字(2022)第 027967 号

出版发行 / 北京理工大学出版社有限责任公司

社　　址 / 北京市海淀区中关村南大街5号

邮　　编 / 100081

电　　话 / (010)68914775(总编室)
　　　　　 (010)82562903(教材售后服务热线)
　　　　　 (010)68944723(其他图书服务热线)

网　　址 / http://www.bitpress.com.cn

经　　销 / 全国各地新华书店

印　　刷 / 涿州市新华印刷有限公司

开　　本 / 787毫米×1092毫米　1/16

印　　张 / 12.5　　　　　　　　　　　　　责任编辑 / 赵　岩

字　　数 / 294千字　　　　　　　　　　　　文案编辑 / 赵　岩

版　　次 / 2022年1月第2版　2022年1月第1次印刷　责任校对 / 周瑞红

定　　价 / 66.00元　　　　　　　　　　　　责任印制 / 李志强

图书出现印装质量问题，请拨打售后服务热线，本社负责调换

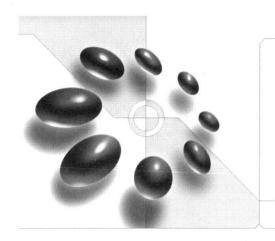

序 言

2015年5月,国务院印发关于《中国制造2025》的通知,通知重点强调提高国家制造业创新能力,推进信息化与工业化深度融合,强化工业基础能力,加强质量品牌建设,全面推行绿色制造及大力推动重点领域突破发展等,而高质量的技能型人才是实现这一发展战略的重要途径。

为全面贯彻国家对于高技能人才的培养精神,提升五年制高等职业教育机电类专业教学质量,深化江苏联合职业技术学院机电类专业教学改革成果,并最大限度共享这一优秀成果,学院机电专业协作委员会特组织优秀教师及相关专家,全面、优质、高效地修订及新开发了本系列规划教材,并配备数字化教学资源,以适应当前的信息化教学需求。

本系列教材所具特色如下:

- 教材培养目标、内容结构符合教育部及学院专业标准中制定的各课程人才培养目标及相关标准规范。
- 教材力求简洁、实用,编写上兼顾现代职业教育的创新发展及传统理论体系,并使之完美结合。
- 教材内容反映了工业发展的最新成果,所涉及标准规范均为最新国家标准或行业规范。
- 教材编写形式新颖,教材栏目设计合理,版式美观,图文并茂,体现了职业教育工学结合的教学改革精神。
- 教材配备相关的数字化教学资源,体现了学院信息化教学的最新成果。

本系列教材在组织编写过程中，得到了江苏联合职业技术学院各位领导的大力支持与帮助，并在学院机电专业协作委员会全体成员的一直努力下，顺利完成出版。由于各参与编写作者及编审委员会专家时间相对仓促，加之行业技术更新较快，教材中难免有不当之处，也请广大读者予以批评指正，再次一并表示感谢！我们将不断完善与提升本系列教材的整体质量，使其更好地服务于学院机电专业及全国其他高等职业院校相关专业的教育教学，为培养新时期下的高技能人才做出应有的贡献。

江苏联合职业技术学院机电协作委员会

前言

本书是根据江苏联合职业技术学院要求而编写的,适合五年制高等职业学校机电一体化专业使用。

本书的作用是:帮助学生更好地掌握常用机电设备的典型零、部件及典型机电设备的装调基础知识,装配工艺要点,调试运行方法。培养学生的动手能力、实际生产能力、安全操作能力、创新能力和职业能力,使其形成严谨、敬业的工作作风,积累实际生产经验,为今后解决生产实际问题和职业生涯的发展奠定基础。

本书以常用机电设备典型零、部件的装拆方法和典型机电设备的装调方法为重点,从机电设备装调技术规程,机电设备装调常用工、量具选用,CA6140型车床典型部件装调,数控机床典型部件装调,液压与气动控制系统的装调,自动生产线的组装与调试,机电设备装调工考级综合训练等方面由浅入深、循序渐进、重点突出地介绍了机电设备装调的基本技能,充分体现了"做中学""学中做"的职业教学特色。

本书的参考教学时数为4个专用实习周,各教学章节的推荐学时分配如下表:

序 号	章 节	建议课时(4周)
1	项目1 掌握机电设备装调技术规程	2h
2	项目2 机电设备装调常用工、量具的选用	2h
3	项目3 CA6140型普通车床典型部件拆装	10h
4	项目4 CA6140型普通车床主轴箱Ⅰ轴的装调	10h

续表

序 号	章 节	建议课时（4周）
5	项目5 CA6140型普通车床尾座的拆装	10h
6	项目6 CA6140型普通车床中滑板的拆装	10h
7	项目7 装调数控机床典型部件	44h
8	项目8 液压与气动控制系统的安装与调试	20h
9	项目9 自动生产线的组装与调试	44h
10	项目10 机电设备装调工考级综合训练	28h

本书由盐城机电高等职业技术学校张国军、胡剑主编；盐城机电高等职业技术学校张国军编写项目9、项目10，并参与项目1、项目2部分内容的编写；盐城市区防洪工程管理处陈海洋参与项目9、项目10的编写；盐城机电高等职业技术学校杨慧峰编写项目3、项目4、项目5、项目6；盐城机电高等职业技术学校周成东编写项目7；盐城机电高等职业技术学校胡剑编写项目1、项目2、项目8。本教材由无锡机电高等职业技术学校张萍主审。

在编写过程中，参考了大量有关教材和资料，对原作者表示衷心的感谢。同时，编写过程中得到了许多同仁的支持和帮助，在此一并表示衷心的感谢。由于编者水平有限，编写时间短促，书中缺点在所难免，恳请读者批评指正。

编 者

目 录

项目 1　掌握机电设备装调技术规程 ⋯⋯⋯⋯⋯⋯⋯⋯⋯⋯⋯⋯⋯⋯⋯⋯ 1
　任务 1　熟悉机电设备装调技术一般规程 ⋯⋯⋯⋯⋯⋯⋯⋯⋯⋯⋯⋯⋯⋯ 1
　任务 2　掌握机电设备装调的一般步骤 ⋯⋯⋯⋯⋯⋯⋯⋯⋯⋯⋯⋯⋯⋯⋯ 3
　任务 3　掌握机电设备装调工作的安全常识 ⋯⋯⋯⋯⋯⋯⋯⋯⋯⋯⋯⋯⋯ 4

项目 2　机电设备装调常用工、量具的选用 ⋯⋯⋯⋯⋯⋯⋯⋯⋯⋯⋯⋯⋯ 7
　任务 1　机电设备装调常用工具的选用 ⋯⋯⋯⋯⋯⋯⋯⋯⋯⋯⋯⋯⋯⋯⋯ 7
　任务 2　机电设备装调常用量具的选用、保养与维护 ⋯⋯⋯⋯⋯⋯⋯⋯⋯ 11

项目 3　CA6140 型普通车床典型部件拆装 ⋯⋯⋯⋯⋯⋯⋯⋯⋯⋯⋯⋯⋯ 17
　任务 1　认识工作环境 ⋯⋯⋯⋯⋯⋯⋯⋯⋯⋯⋯⋯⋯⋯⋯⋯⋯⋯⋯⋯⋯⋯ 17
　任务 2　识读 CA6140 型车床主轴装配图 ⋯⋯⋯⋯⋯⋯⋯⋯⋯⋯⋯⋯⋯⋯ 24
　任务 3　拆装 CA6140 型车床主轴(含轴承) ⋯⋯⋯⋯⋯⋯⋯⋯⋯⋯⋯⋯⋯ 25
　任务 4　归纳技术难点、解决办法与注意事项 ⋯⋯⋯⋯⋯⋯⋯⋯⋯⋯⋯⋯ 39

项目 4　CA6140 型普通车床主轴箱 I 轴的装调 ⋯⋯⋯⋯⋯⋯⋯⋯⋯⋯⋯ 41
　任务 1　制动装置的装调工艺与检测 ⋯⋯⋯⋯⋯⋯⋯⋯⋯⋯⋯⋯⋯⋯⋯⋯ 41
　任务 2　销连接的装调工艺与检测 ⋯⋯⋯⋯⋯⋯⋯⋯⋯⋯⋯⋯⋯⋯⋯⋯⋯ 44
　任务 3　归纳技术难点、解决办法与注意事项 ⋯⋯⋯⋯⋯⋯⋯⋯⋯⋯⋯⋯ 45

项目 5　CA6140 型普通车床尾座的拆装 ⋯⋯⋯⋯⋯⋯⋯⋯⋯⋯⋯⋯⋯⋯ 47
　任务 1　认识工作环境 ⋯⋯⋯⋯⋯⋯⋯⋯⋯⋯⋯⋯⋯⋯⋯⋯⋯⋯⋯⋯⋯⋯ 47
　任务 2　尾座的装拆工艺与检测 ⋯⋯⋯⋯⋯⋯⋯⋯⋯⋯⋯⋯⋯⋯⋯⋯⋯⋯ 48
　任务 3　装配尺寸链和修配装调法 ⋯⋯⋯⋯⋯⋯⋯⋯⋯⋯⋯⋯⋯⋯⋯⋯⋯ 50
　任务 4　归纳技术难点、解决办法与注意事项 ⋯⋯⋯⋯⋯⋯⋯⋯⋯⋯⋯⋯ 60

项目 6　CA6140 型普通车床中滑板的拆装 ⋯⋯⋯⋯⋯⋯⋯⋯⋯⋯⋯⋯⋯ 62
　任务 1　认识工作环境 ⋯⋯⋯⋯⋯⋯⋯⋯⋯⋯⋯⋯⋯⋯⋯⋯⋯⋯⋯⋯⋯⋯ 62
　任务 2　拆装 CA6140 型普通车床中滑板 ⋯⋯⋯⋯⋯⋯⋯⋯⋯⋯⋯⋯⋯⋯ 64
　任务 3　掌握丝杠的拆装技术(含滚珠丝杠) ⋯⋯⋯⋯⋯⋯⋯⋯⋯⋯⋯⋯⋯ 68
　任务 4　重复定位精度的检测与调整 ⋯⋯⋯⋯⋯⋯⋯⋯⋯⋯⋯⋯⋯⋯⋯⋯ 70
　任务 5　导轨主要机械精度的检测与修复技术 ⋯⋯⋯⋯⋯⋯⋯⋯⋯⋯⋯⋯ 72
　任务 6　归纳技术难点、解决办法与注意事项 ⋯⋯⋯⋯⋯⋯⋯⋯⋯⋯⋯⋯ 72

目 录

项目7　装调数控机床典型部件 74
　任务1　自动换刀装置的装调与检测 74
　任务2　四工位刀架的装调与检测 95
　任务3　六工位刀架的拆装与调试 100
　任务4　归纳技术难点与注意事项 124

项目8　液压与气动控制系统的安装与调试 125
　任务1　识读液压原理图 125
　任务2　正确选用液压元器件 131
　任务3　1HY40型动力滑台液压系统的装调与检测 134

项目9　自动生产线的组装与调试 141
　任务1　认识YL-235A型模拟自动生产线实训设备 141
　任务2　皮带输送机构的装调与检测 144
　任务3　送料机构的装调与检测 151
　任务4　气动机械手搬运机构的装调与检测 156
　任务5　系统统调 163
　任务6　认识触摸屏 167

项目10　机电设备装调工考级综合训练 173
　试题一　CA6140车床主轴箱Ⅰ轴部件装配与检验 173
　试题二　CA6140车床主轴箱部件变速操纵机构装配与检验 176
　试题三　YL235A组装与调试 178

参考文献 191

项目1　掌握机电设备装调技术规程

工作任务	掌握机电设备技术规程
任务描述	熟悉机电设备装配技术的一般规程，掌握机电设备装调的一般步骤，牢记机电设备装调工作的安全常识

任务1　熟悉机电设备装调技术一般规程

装配工艺规程是指规定装配全部部件和整个产品的工艺过程，以及该过程中所使用的设备和工夹具等的技术文件。

1.1　装配工艺规程的作用

装配工艺规程是生产实践和科学实验的总结，是提高劳动生产效率和产品质量的必要措施，也是组织生产的重要依据。只有严格按工艺规程组织各项生产活动才能保证装配工作的顺利进行，降低生产成本，增加经济效益；但装配工艺规程所规定的内容也应随生产力的发展而不断改进。

1.2　装配工艺过程

装配工艺过程一般由以下3个部分组成。

1. 装配前的准备工作

（1）研究产品装配图、工艺文件及技术资料，了解产品的结构，熟悉各零、部件的作用，相互关系和连接方法。

（2）确定装配方法，准备所需要的工具。

（3）对装配的零件进行清洗，检查零件的加工质量，对有特殊要求的零件要进行平衡或压力试验。

2. 装配工作

对比较复杂的产品来说，其装配工作分为部件装配和总装配。

部件装配：凡是将两个以上的零件组合在一起（或将零件与几个组件结合在一起）成为一个装配单元的装配工作，都可以称为部件装配。

总装配：将零件、部件及各装配单元结合成一台完整产品的装配工作，称为总装配。

3. 调整、检验和试车

（1）调整。调节零件或机构的相互位置、配合间隙、结合面的松紧等，使机器或机构工作协调。

（2）检验。检验机构或机器的几何精度和工作精度等。

（3）试车。试验机构或机器运转的灵活性、振动情况、工作温度、噪声、转速、功率等性能参数是否达到相关技术要求。

（4）喷漆、涂油和装箱。机器装配完毕后，为了使其外表美观、不生锈和便于运输，还要进行喷漆、涂油和装箱等工作。

1.3 装配工作的组织形式

装配工作的组织形式随产品的生产类型、复杂程度和技术要求的不同而不同。机器制造中，产品的生产类型及装配的组织形式有以下几种。

1. 单件生产时装配的组织形式

单件生产时，产品基本上不重复，装配工作常在固定地点由一个或一组工人完成。这种装配组织形式对工人的技术要求较高，装配周期较长，生产效率较低。如夹具、模具的装配，多属于这种装配组织形式。

2. 成批生产时装配的组织形式

在一定的时间内，成批地制造出相同的产品，这种生产方式称为成批生产。成批生产时，装配工作通常分为部件装配和总装配，每个部件装配由一个或一组工人来完成，然后进行总装配。如机床的装配，一般属于这种装配组织形式。

3. 大批大量生产时装配的组织形式

产品的制造数量很庞大，每个工作地点经常重复地完成某一道工序，并且具有严格的生产节奏，这种生产方式称为大批大量生产。大批大量生产时，把产品的装配过程划分为部件、组件装配。每一道工序只由一个或一组工人来完成，只有当所有的工人都按顺序完成了自己负责的装配工序后，才能装配出产品。在大批大量生产中，装配过程是有顺序地由一个或一组工人转移给另一个或一组工人。这种转移可以是装配对象的移动，也可以是工人的移动，通常将这种装配的组织形式称为流水装配法。由于流水装配法广泛地采用了互换性原则，并且使装配工作程序化，因此，装配质量好、装配效率高，是一种较先进的装配组织形式。如汽车、拖拉机的装配，一般属于这种装配组织形式。

1.4　制定装配工艺规程

1. 研究产品的装配图及检验技术条件

（1）审核产品图样的完整性、正确性。
（2）分析产品的结构工艺性。
（3）审核产品装配的技术要求和验收标准。
（4）分析和计算产品装配尺寸链。

2. 确定装配方法与组织形式

主要取决于产品结构的尺寸大小和重量，以及产品的生产纲领。

3. 划分装配单元，确定装配顺序

（1）将产品划分为套件、组件和部件等装配单元，进行分级装配。
（2）确定装配单元的基准零件。
（3）根据基准零件确定装配单元的装配顺序。

4. 划分装配工序

（1）划分装配工序，确定工序内容。如：清洗→刮削→平衡→过盈连接→螺纹连接→校正→检验→试运转→油漆→包装等。
（2）确定各工序所需的设备和工具。
（3）制定各工序装配操作规范，如过盈配合的压入力等。
（4）制定各工序装配质量要求与检验方法。
（5）确定各工序的时间定额，平衡各工序的工作节拍。

5. 编制装配工艺文件

任务2　掌握机电设备装调的一般步骤

装配过程并不是将合格零、部件简单地连接起来的过程，而是根据各级部装和总装的技术要求，采取适当的工艺方法来保证产品质量的复杂过程。如果装配工艺水平不高，即使用高质量的零件，也会装出质量差甚至不合格的产品。因此，机电产品的装调工艺中，必须重视产品装调的每一个步骤。

2.1　清洗

清洗的目的是去除零件表面或部件中的油污及机械杂质。清洗的方法有擦洗、浸洗、喷洗和超声波清洗等。常用的清洗液有煤油、汽油、碱液及各种化学清洗液。

2.2　连接

机械装配中的连接一般有可拆卸连接和不可拆卸连接。

常见的可拆卸连接有螺纹连接、键连接、销钉连接等。螺纹连接有三种，根据被连接工件的不同选择螺栓连接、双头螺柱连接、螺钉连接；根据螺纹连接分布的情况，合理确定紧固的顺序，施力要均匀，大小要适度。键连接主要用于轴与轴上的旋转零件的周向固定，并传递扭矩。销钉连接主要用做定位，也可用于实现轴与轴上零件之间的轴向和周向固定。销钉有圆柱销和圆锥销两种，圆柱销用于不常拆卸的场合，圆锥销用于常拆卸的场合。

常见的不可拆卸连接有焊接、铆接、过盈连接等。过盈连接多用于轴、孔的配合。一般机械常采用压入配合法，重要或精密机械常用热胀或冷缩配合法。

2.3 校正、调整与配作

校正是指产品中相关零件间相互位置的找正、找平及相应调整工作。校正在产品总装和大型机械的基本件装配中应用较多。

装配中的调整是指相关零、部件相互位置的具体调节工作，如调节零、部件的位置精度，调节运动副间的间隙，以此保证产品中运动零、部件的运动精度。

装配中的配作，通常指的是配钻、配铰、配刮及配磨等，它们是装配中附加的一些钳工和机械加工工作。配钻和配铰多用于固定连接，是以连接件中一个零件上已有的孔为基准，去加工另一零件上相应的孔。配钻用于螺纹连接，配铰多用于销孔定位。配刮和配磨是零、部件接合表面的一种钳工工作，多用于运动副配合表面的精加工，使其具有较高的接触精度。

2.4 平衡

对于转速较高、运转平稳性要求高的机器，为了防止使用中出现振动，在总装配时，需对有关旋转零、部件进行平衡工作。平衡是一个消除不平衡的过程。生产中的平衡法有两种：静平衡法和动平衡法。盘类零件一般采用静平衡法，轴类零件一般采用动平衡法。

静平衡的步骤为：将盘类零件装上心轴，放到圆柱形的支架上；推动零件使其自由地滚动，待其静止后，在正下方划线做标记，经过几次滚动，确定偏心方向；在划线相对方向的反向延长线上某处粘上橡皮泥，并逐步增加橡皮泥的质量，直至标记线能停在任何方向；此时可采取三种方式达到静平衡：一是在粘橡皮泥处固定同等质量的配重；二是在标记线上去除一定质量的材料；三是调整平衡块的位置。

2.5 验收试验

机械产品装配完后，应根据有关技术标准和规定，对产品进行较全面的检验和试验工作，合格后方准出厂。

例如，普通车床在总装后，需要进行静态检查、空运转试验、负荷试验等。

任务3 掌握机电设备装调工作的安全常识

3.1 机械拆装实习室安全制度

（1）要严格执行实习工场的安全工作条例和设备拆装的操作规程，切实抓好安全工作。

实习室主任是本室安全第一责任人，有权利和义务对所有成员经常进行安全教育，明确安全责任，定期进行安全检查。

（2）在实习室设立一名安全员，协助实习室主任抓好实习室的安全教育、安全检查及排除隐患等工作，并负责指导本实习室人员掌握消防器材的维护和使用。

拓展阅读
安全文明生产条例

（3）实习室主任、安全员必须对在实习室实习的学员进行安全教育，督查安全执行情况，确保人身及设备的安全。对违反规定者，管理人员有权停止其实习。

（4）实习室内严禁吸烟、打闹和做与实习无关的事情，注意保持实习场所的环境卫生和设施安全。

（5）消防器材按规定放置，不得挪用；要定期检查，及时更换失效器材。

（6）实习室的钥匙必须妥善保管，对持有者要进行登记，不得私配和转借，人员调出时必须交回。实习室工作人员不得将钥匙借给学员。

（7）一旦发生火情，要及时组织人员扑救，并及时报警。遇到案情事故，要注意保持现场，并迅速报警。要积极配合有关部门查明事故原因。

（8）未经批准，任何人不得随便进入实习室。节假日需要加班者应写加班申请单，经实习室主任签字、实习工场负责人签字同意后方可，并必须有两人以上在场，以确保人身安全。

（9）若因工作需要对仪器、设备进行开箱检查、维修，要经实习室主任签字同意才能拆装，并要有两人在场。检修完毕或离开检修现场前，必须将拆开的仪器设备妥善存放。

（10）实习室值班人员离开实习室以前，必须进行安全检查，关好水、断电、锁门。

3.2　机械拆装实习学员实习守则

（1）实习前按规定穿戴好工作服，依次有序进入实习场地。

（2）实习前做好充分准备，了解实习的目的、要求、方法与步骤及实习应注意的事项。

（3）进入实习室必须按规定就位，听从实习指导老师的要求进行实习。

（4）保持实习室的安静、整洁，不得吵闹、喧哗，不得随地吐痰及乱扔脏物，与实习无关的物品不得带入实习室。

（5）实习前首先核对实习用品是否齐全，若有不符，应立即向实习指导老师提出补领或调换。

（6）爱护实习仪器及设备，严格按照实习规程使用仪器和设备，不得随便乱拆卸。

（7）实习时按实习指导书要求，分步骤认真做好各项实习内容，并做好实习记录，填写实习报告书。

（8）拆下的零、部件要摆放有序，搬动大件，务必注意安全，以防砸伤人及机件。

（9）注意安全，若实习中发现异常，应立即停止实习，及时报请实习指导老师检查处理。

（10）实习结束后，清洁场地、设备，整理好工位；清点并擦净工、量具，将其放回原处，方能离开实习场地。

3.3　机电设备装调操作安全须知

（1）注意将待拆卸设备切断电源，挂上"有人操作，禁止合闸"标志。

（2）设备拆卸时必须遵守安全操作规则，服从指导人员的安排与监督。认真严肃操作，不得串岗操作。

（3）需要使用带电工具（手电钻、手砂轮等）时，应检查是否有接地或接零线，并应佩戴绝缘手套、胶鞋。使用手照明灯时，电压应低于 36 V。

（4）若需多人操作，必须有专人指挥，密切配合。

（5）拆卸中，禁止用手试摸滑动面、转动部位或用手试探螺孔。

（6）使用起重设备时，应遵守起重工安全操作规程。

（7）试车前要检查电源连接是否正确，各部位的手柄、行程开关、撞块等是否灵敏可靠，传动系统的安全防护装置是否齐全，确认无误后方可开车运转。

（8）试车规则：空车慢速运转后逐步提高，运转正常后，再做负荷运转。

项目2　机电设备装调常用工、量具的选用

工作任务	常用工、量具的选用
任务描述	能够正确选用、维护和保养机电设备装调常用的工、量具

任务1　机电设备装调常用工具的选用

大多数的部件和产品都是用螺纹连接的方法将零件连接而成的。常见螺纹连接件拆装的主要工具是扳手和旋具。根据使用场合和部位的不同，可选用各种不同类别的工具。

1.1　机电设备装调常用工具

1. 手锤

手锤是用来敲击的工具（如图 2-1-1 所示），有金属手锤和非金属手锤两种。常用的金属锤有钢锤和铜锤两种，常用的非金属锤有塑胶锤、橡胶锤、木槌等。手锤的规格是以锤头的质量来表示的，如 0.5 磅、1 磅等。

2. 螺钉起子

螺钉起子的主要作用是旋紧或松退螺钉。常见的螺钉起子有一字形、十字形和双弯头形三种，如图 2-1-2 所示。

3. 固定扳手

固定扳手主要用来旋紧或松退固定尺寸的螺栓或螺帽。常见的固定扳手有单口扳手、梅花扳手、梅花开口扳手及开口扳手等。固定扳手的规格是以钳口开口的宽度标识的，如图 2-1-3 所示。

4. 梅花扳手

梅花扳手的内孔为多边形，它只要转过 30 度就能调换方向，所以在狭窄的地方使用比

较方便，如图2-1-4所示。

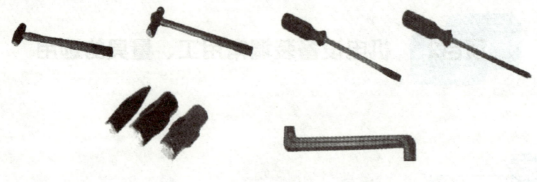

图2-1-1　手锤　　　　　　　　　图2-1-2　螺钉起子

图2-1-3　固定扳手　　　　　　　图2-1-4　梅花扳手

5. 活动扳手

活动扳手钳口的尺寸在一定的范围内可自由调整，它用来旋紧或松退螺栓、螺帽。活动扳手的规格是以扳手全长尺寸标识的。如图2-1-5所示。

6. 套筒扳手

套筒扳手由一套尺寸不等的梅花套筒及扳手柄组成在成套套筒扳手中，使用如图2-1-6（b）所示的弓形手柄可连续转动手柄，加快扳转速度。使用如图2-1-6（c）所示的棘轮扳手，在正转手柄时，可使螺母被扳紧，而在反转手柄时，由于棘轮在斜面的作用下，从套筒的缺口内退出时打滑，因而不会使螺母随着反转。旋松螺母时，只要将扳手翻身使用即可。

7. 管扳手

管扳手的钳口有条状齿，常用于旋紧或松退圆管、磨损的螺帽或螺栓。管扳手的规格是以扳手全长尺寸标识的，如图2-1-7所示。

8. 内六角扳手

内六角扳手用于旋紧内六角螺钉，由一套不同规格的扳手组成。使用时根据螺纹规格不同采用不同的内六角扳手，如图2-1-8所示。

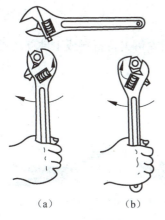

图2-1-5 活动扳手
(a) 正确；(b) 不正确

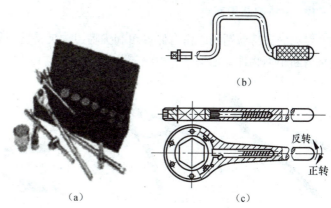

图2-1-6 套筒扳手
(a) 成套套筒扳手；(b) 弓形手柄；(c) 棘轮扳手

图2-1-7 管扳手

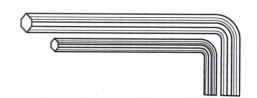

图2-1-8 内六角扳手

9. 锁紧扳手

锁紧扳手主要用来拆装圆螺母，如图2-1-9所示。

10. 指针式力矩扳手

对于要求严格控制拧紧力矩的重要螺纹连接，可采用指针式力矩扳手，如图2-1-10所示。

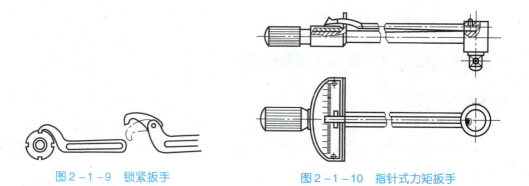

图2-1-9 锁紧扳手　　　　　　图2-1-10 指针式力矩扳手

11. 特殊扳手

为了某种目的而设计的扳手称为特殊扳手。常见的特殊扳手有六角扳手、T形夹头扳手、面扳手及扭力扳手等。

12. 夹持用手钳

夹持用手钳的主要作用是夹持材料或工件，如图2-1-11所示。

13. 夹持剪断用手钳

常见的夹持剪断用手钳有侧剪钳和尖嘴钳。夹持剪断用手钳除可夹持材料或工件外还可用来剪断小型物件，如钢丝、电线等，如图 2 – 1 – 12 所示。

图 2 – 1 – 11　夹持用手钳

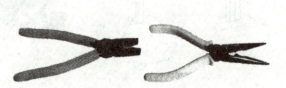

图 2 – 1 – 12　夹持剪断用手钳

14. 拆装扣环用卡环手钳

卡环手钳有直轴用卡环手钳和套筒用卡环手钳。拆装扣环用卡环手钳的主要作用是拆装扣环，即可将扣环张开套入或移出环状凹槽，如图 2 – 1 – 13 所示。

15. 特殊手钳

常用的特殊手钳有剪切薄板、钢丝、电线的斜口钳，剥除电线外皮的剥皮钳，夹持扁物的扁嘴钳，夹持大型筒件的链管钳等，如图 2 – 1 – 14 所示。

图 2 – 1 – 13　拆装扣环用卡环手钳　　　　　　图 2 – 1 – 14　特殊手钳

1.2　机电设备装调常用工具的选用

1. 手锤选用注意事项

（1）精制工件表面或硬化处理后的工件表面，应使用软面锤，以避免损伤工件表面。

（2）手锤使用前应仔细检查锤头与锤柄是否紧密连接，以免使用时锤头与锤柄脱离，造成意外事故。

（3）手锤锤头边缘若有毛边，应先磨除，以免破裂时造成伤害。使用手锤时应配合工作性质，合理选择手锤的材质、规格和形状。

2. 螺钉起子选用注意事项

（1）根据螺钉的槽宽选用起子。大小不合的起子非但无法承受旋转力，而且容易损伤钉槽。

（2）不可将螺钉起子当做錾子、杠杆或划线工具使用。

3. 扳手选用注意事项

（1）根据工作性质选用适当的扳手，尽量使用固定扳手，少用活动扳手。
（2）各种扳手的钳口宽度与钳柄长度有一定的比例，故不可加套管或用不正当的方法延长钳柄的长度，以增加使用时的扭力。
（3）选用固定扳手时，钳口宽度应与螺帽宽度相当，以免损伤螺帽。
（4）使用活动扳手时，应向活动钳口方向旋转，使固定钳口受主要的力。
（5）扳手钳口若有损伤，应及时更换，以保证安全。

4. 手钳使用注意事项

（1）手钳主要是用来夹持或弯曲工件的，不可当手锤或起子使用。
（2）侧剪钳、斜口钳只可剪细的金属线或薄的金属板。
（3）应根据工作性质合理选用手钳。

任务 2　机电设备装调常用量具的选用、保养与维护

2.1　机电设备装调常用量具

1. 游标卡尺

游标卡尺是一种中等精密度的量具，可以直接测量工件的外径、孔径、长度、宽度、深度和孔距等尺寸，如图 2-2-1 所示。

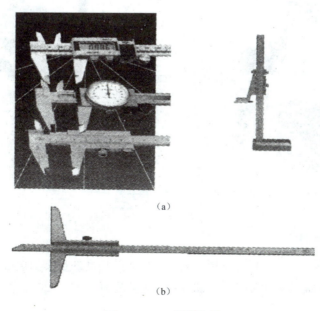

图 2-2-1　游标卡尺
（a）高度游标卡尺；（b）深度游标卡尺

2. 千分尺

千分尺是一种精密量具，它的精度比游标卡尺高，而且比较灵敏。因此，一般用来测量精度要求较高的尺寸，如图2-2-2所示。

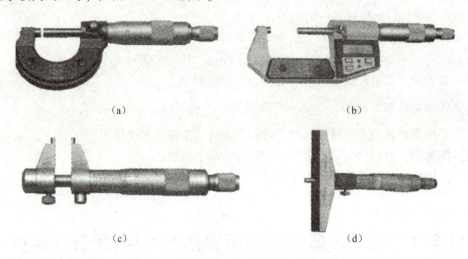

图2-2-2 千分尺

(a) 外径千分尺；(b) 电子数显外径千分尺；(c) 内测千分尺；(d) 深度千分尺

3. 百分表

百分表可用来检验机床精度和测量工件的尺寸、形状及位置误差等，如图2-2-3所示。

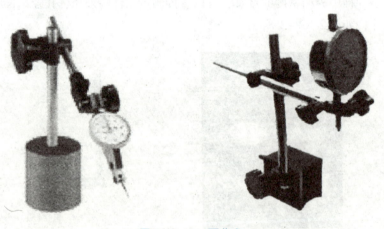

图2-2-3 百分表

4. 万能游标量角器

万能游标量角器又称角度尺，是用来测量工件内外角度的量具。按游标的测量精度可分为2′和5′两种，其示值误差分别为±2′和±5′，测量范围是0°~320°，如图2-2-4所示。

5. 量块

量块是机械制造业中长度尺寸的标准。量块可对量具和量仪进行校正检验也可用于精密划线和精密机床的调整。量块与有关附件并用时,可以用来测量某些精度要求高的尺寸,如图 2-2-5 所示。

6. 塞尺

塞尺又叫厚薄规或间隙片,是用来检验两个接合面之间间隙大小的片状量规,如图 2-2-6 所示。

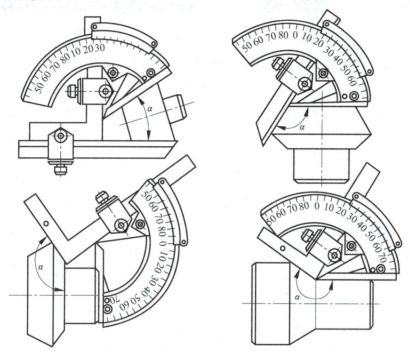

图 2-2-4 万能游标量角器

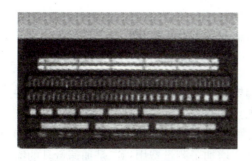

图 2-2-5 量块

图 2-2-6 塞尺

7. 90°角尺

常用的 90°角尺有刀口形角尺和宽座角尺等,可用来检验零、部件的垂直度及用做划线的辅助工具,如图 2-2-7 所示。

8. 刀口形直尺

刀口形直尺主要用于检验工件的直线度和平面度误差,如图 2-2-8 所示。

图2-2-7 90°角尺

图2-2-8 刀口形直尺

2.2 机电设备装调常用量具的选用

正确合理地选用量具量仪,不但是保证产品质量的需要,而且是提高经济效益的措施。

量具量仪的选择,主要依据被测零件尺寸的公差和量具量仪本身的示值误差以及经济指标来选用。

因此,为选好量具,必须具备下列条件:第一要熟悉量具量仪的特点、规格、精度和使用方法;第二要弄清零件的技术要求;第三要掌握量具量仪经济指标的各项数据,这样才能得心应手,处理得当,现将选用方法介绍如下:

1. 按被测零件的要求选用量具量仪

例如测量长度、外径,测量孔径,测量角度、锥度,测量高度、深度,测量螺纹,测量齿轮,测量形状位置,测量配合面的间隙等,应分别选用相应的量具量仪。

2. 按生产类型选用量具量仪

按零件的批量不同,从讲求效率和经济效益的角度出发,应选用不同种类的量具量仪:单件、小批生产应尽量选用通用量具量仪,例如卡尺、千分尺、杠杆表、量块等;成批生产可采用以专用量具为主,通用量具为辅的办法。例如采用卡规、塞规、专用量具等;

大量生产时除采用专用量具外,还应考虑高效机械化和自动化检测装置。

3. 按零件的精度选用量具量仪

测量低精度的零件选低精度测量器具,测量高精度的零件选高精度测量器具,这是选择量具量仪时一个不可忽视的原则。如果以低精度的测量器具去检测高精度的零件,一是无法读出精确值,二是即使勉强使用,不但测量误差大,而且会增加零件的误收率和误废率。如果以高精度的量具去检测低精度的零件,一是不经济,增加了测量费用;二是加速量具的磨损,容易使其丧失精度。

2.3 常用量具的使用、维护和保养常识

正确地使用和维护量具、量仪是保持量具、量仪精度,延长其使用寿命的重要条件,是每一个检测者所必须熟悉的常识。要保持量具、量仪的精度和它工作的可靠性,除了在使用中要按照合理的使用方法进行操作以外,还必须做好量具、量仪的维护和保养工作。

(1) 使用仪器必须按操作规程办事,不可为图省事而违章作业。

(2) 量具、量仪的管理和使用一定要落实到人,并制定维护保养制度,认真执行。仪

器除规定的专人使用外，其他人如要动用，须经负责人和使用者同意。

（3）掌握量具、量仪的正确使用方法及读数原理，避免测错、读错现象。对于不熟悉的量具、量仪，不要随便动用。测量时，应多测几次，取其平均值，并要练习用一只眼读数，视线应垂直对准所读刻度，以减少视差。在估读不足一格的数值时，最好使用放大镜。

（4）仪器各运动部分，要按时加油润滑，但加油不宜过多。

（5）各种光学元件不要用手去摸，因为手指上有汗、油、灰尘。镜头脏了，应使用镜头纸、干净的绸布擦拭。如果沾了油斑，可用脱脂棉蘸少许酒精（或酒精和乙醚混合液）把油斑轻擦去。如果蒙上了灰尘，则用软毛刷刷去。

（6）仪器必须严格调好水平，使仪器各部分在工作时不受重力的影响。

（7）仪器的某些运动部分，在停时（非工作状态）应使其处于自由状态或正常位置，以免长期受力变形。

（8）仪器的运动部分发生故障时，在未查明原因之前，不可强行使其转动或移动发生人为损伤。

（9）仪器上经常旋动的螺钉，不可旋得太紧。

（10）仪器检测的零件，必须清除掉尘屑、毛刺和磁性，非加工面要涂漆。

（11）以顶尖孔为基准的被测件，要预先检查顶尖孔是否符合要求。

（12）插接电源时，应弄清电压高低，避免因插错而烧坏仪器。千万不要用导线直接接电源。仪器不工作时，应断开电源。

（13）电子仪器要注意防潮，避免因电子元件线路等受潮而失灵。

（14）在机床上测量零件时，要等零件完全停稳后进行，否则不但使量具的测量面过早磨损而失去精度，而且会造成事故。尤其是车工使用外卡钳时，不能因为卡钳简单，磨损一点无所谓，要注意铸件内常有气孔和缩孔，一旦钳脚落入气孔内，可能将操作者的手也拉进去，造成严重事故。

（15）测量前应把量具的测量面和零件的被测量表面揩干净，以免因有脏物存在而影响测量精度。用精密量具如游标卡尺、百分尺和百分表等，去测量锻铸件毛坯，或带有研磨剂（如金刚砂等）的表面是错误的，这样易使测量面很快磨损而失去应有的精度。

（16）量具在使用过程中，不要和工具、刀具，如锉刀、榔头、车刀和钻头等堆放在一起，以免碰伤量具。也不要随便放在机床上，以免因机床振动而使量具掉下来损坏，尤其是游标卡尺等，应平放在专用盒子里，以免使尺身变形。

（17）量具是测量工具，绝对不能作为其他工具的代用品，例如拿游标卡尺划线，拿百分尺当小榔头，拿钢直尺当起子旋螺钉，以及用钢直尺清理切屑等都是错误的。把量具当玩具，如把百分尺等拿在手中任意挥动或摇转等也是错误的，都易使量具失去精度。

（18）温度对测量结果影响很大，零件的精密测量一定要使零件和量具都在20℃的情况下进行测量。一般可在室温下进行测量，但必须使工件与量具的温度一致。否则，由于金属材料的热胀冷缩的特性，使测量结果不准确。

温度对量具精度的影响亦很大，量具不应放在阳光下或床头箱上，因为量具温度升高后，也量不出正确尺寸。更不要把精密量具放在热源（如电炉、热交换器等）附近，以免使量具受热变形而失去精度。

（19）不要把精密量具放在磁场附近，如磨床的磁性工作台上，以免使量具磁化。

（20）发现精密量具有不正常现象时，如量具表面不平、有毛刺、有锈以及刻度不准、尺身弯曲变形、活动不灵活等，使用者不应当自行拆修，更不允许自行用榔头敲、锉刀挫、砂布打光等办法修理，以免增大量具误差。发现上述情况，使用者应当主动送计量站检修，并经检定量具精度后再继续使用。

（21）量具使用后，应及时揩干净，除不锈钢量具或有保护镀层者外，金属表面应涂上一层防锈油，放在专用的盒子里，保存在干燥的地方，以免生锈。

（22）精密量具应实行定期检定和保养，长期使用的精密量具，要定期送计量站进行保养和检定精度，以免因量具的示值误差超差而造成产品质量事故。

项目3　CA6140型普通车床典型部件拆装

工作任务	CA6140 型车床主轴的拆装
任务描述	明确常用机械拆装方法；认识工作环境；能够认识并正确使用常用拆装工具；以项目小组为单位，根据给定的装配图，搜集资料，进行装配图识读，制定合理的主轴拆装方案，并采用完全互换法进行拆装主轴部件，能进行主轴精度检测
任务要求	（1）熟悉 CA6140 型普通车床结构和主运动的传动路线； （2）识读 CA6140 型普通车床主轴装配图； （3）认识常用拆装工具，明确常用机械拆装方法； （4）以小组为单位，根据装配图制定拆装方案； （5）根据优化后的拆装方案对主轴进行拆装； （6）进行主轴精度检测； （7）注意安全文明拆装

任务1　认识工作环境

1.1　机械拆装安全文明生产条例

（1）实习前必须接受安全文明生产教育，否则不准参加实习。
（2）实习期间必须听从指导教师指挥，不做与实习内容无关的事情。
（3）实习过程中必须思想集中，严格遵守技术操作规程。
（4）实习学员必须在指定工位上操作，未经允许不得触动其他机械设备。
（5）学员上岗前必须穿好工作服，女生必须佩戴安全帽。工作服必须整洁、袖口扎紧，工作时不许戴手套。

(6) 实习使用的工具必须摆放整齐，贵重物品由专人负责保管。

(7) 实习结束或告一段落时，必须检查工具、量具，避免丢失。发现异常情况，必须及时向指导教师汇报。

(8) 必须保证实习场地的卫生良好。做到一日两扫、两拖，卫生无死角、地面无污渍，注意保护墙面不受污染。

1.2 机械拆装技术操作规程

(1) 机械拆装必须严格遵守技术操作规程，严禁野蛮拆装。

(2) 机械拆装必须严格按照相关技术要求操作，以保持设备的完好程度。

(3) 拆卸下的工件及时清洗，涂防锈油并妥善保管，以防丢失。

(4) 工具和零件要轻拿轻放，严禁投递。

(5) 严禁将锉刀、旋具等当作撬杠使用。

(6) 严禁用手锤等硬物直接击打机械零件。

(7) 使用手锤时，严格检查安装的可靠性，注意安全。

(8) 多人合作操作时，必须动作协调统一，注意安全。机械运转时，人与机械之间必须保持一定的安全距离。

(9) 使用电动设备时，必须严格按照电动设备的安全操作规程操作。

(10) 搬运较重零、部件时，必须首先设计好方案，注意安全保护，做到万无一失。

1.3 CA6140 型车床简介

1. 机床型号识读

CA6140 型车床是我国自行设计制造的一种卧式车床，其型号具体说明如下：

C 表示车床类，A 表示结构特性代号，6 表示落地及卧式车床组，1 表示卧式车床系，40 表示主参数折算值（床身上最大工件回转直径 400 mm）。

2. 车床用途

在一般的机械制造企业中，车床约占机床总数的 20%～35%。应用车床可以加工各种回转体内、外表面，其加工范围很广，就其基本内容来说，有车外圆、车端面、切断和车槽、钻中心孔、车孔、铰孔、车螺纹、车圆锥面、车成形面、滚花和盘绕弹簧等。采用特殊的装置或技术后，在车床上还可以车削非圆零件表面，如凸轮、端面螺纹等。借助于标准或专用夹具，还可以完成非回转体零件上的回转体表面的加工。在车床上如果装上了一些附件和夹具，还可以进行镗削、磨削、研磨、抛光等。车床加工范围见图 3-1-1。

3. 车床结构

CA6140 型车床外型结构如图 3-1-2 所示。它由床身、主轴箱、交换齿轮箱、进给箱、溜板箱、滑板和床鞍、刀架、尾座及冷却、照明装置等部分组成。

1) 床身

床身 4 是车床精度要求很高的带有导轨（山形导轨和平导轨）的一个大型基础部件。它支撑和连接车床的各个部件，并保证各部件在工作时有准确的相对位置。

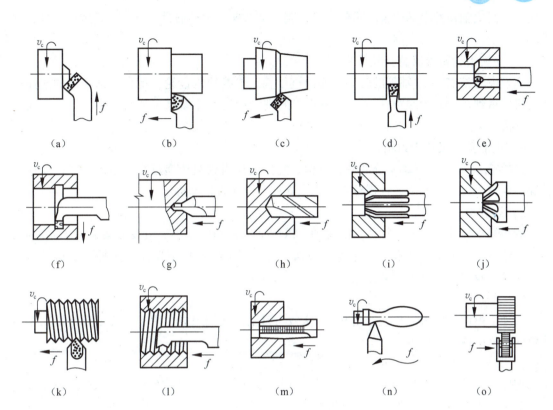

图 3-1-1 车床加工范围

（a）车端面；（b）车外圆；（c）车外锥面；（d）切槽、切断；（e）镗孔；（f）切内槽；（g）钻中心孔；（h）钻孔；（i）铰孔；（j）锪锥孔；（k）车外螺纹；（l）车内螺纹；（m）攻螺纹；（n）车成形面；（o）滚花

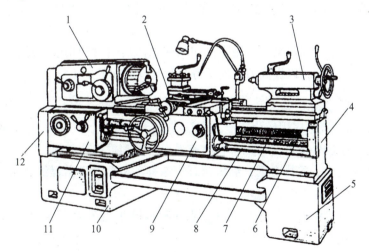

图 3-1-2 CA6140 型普通车床

1—主轴箱；2—刀架；3—尾座；4—床身；5、10—床脚；6—丝杠；7—光杠；
8—操纵杆；9—溜板箱；11—进给箱；12—交换齿轮箱

2）主轴箱（又称床头箱）

主轴箱 1 支撑并传动主轴带动工件作旋转主运动。箱内装有齿轮、轴等，组成变速传动机构，变换主轴箱的手柄位置，可使主轴得到多种转速。主轴通过卡盘等夹具装夹工件，并带动工件旋转，以实现车削。

3）交换齿轮箱（又称挂轮箱）

交换齿轮箱 12 把主轴箱的转动传递给进给箱。更换箱内齿轮，配合进给箱内的变速机构，可以得到车削各种螺距螺纹（或蜗杆）的进给运动，并满足车削时对不同纵、横向进给量的需求。

4）进给箱（又称走刀箱）

进给箱 11 是进给传动系统的变速机构。它把交换齿轮箱传递过来的运动，经过变速后传递给丝杠，以实现车削各种螺纹；传递给光杠，以实现机动进给。

5）溜板箱

溜板箱 9 接受光杆或丝杠传递的运动，以驱动床鞍和中、小滑板及刀架实现车刀的纵、横向进给运动。其上还装有一些手柄及按钮，可以很方便地操纵车床来选择诸如机动、手动、车螺纹及快速移动等运动方式。

6）刀架

刀架 2 由两层滑板（中、小滑板）、床鞍与刀架体共同组成，用于安装车刀并带动车刀作纵向、横向或斜向运动。

7）尾座

尾座 3 安装在床身导轨上，并沿此导轨纵向移动，以调整其工作位置。尾座主要用来安装后顶尖，以支撑较长工件，也可安装钻头、铰刀等进行孔加工。

8）床脚

前后两个床脚 10 与 5 分别与床身前后两端下部连为一体，用以支撑安装在床身上的各部件。同时通过地脚螺栓和调整垫块使整台车床固定在工作场地上，并使床身调整到水平状态。

9）冷却装置

冷却装置主要通过冷却水泵将水箱中的切削液加压后喷射到切削区域，降低切削温度，冲走切屑，润滑加工表面，以提高刀具使用寿命和工件表面的加工质量。

4. 特点

CA6140 型车床在我国应用较为广泛，它具有以下特点：

（1）刚性好，抗振性能好，可以进行高速强力切削和重载荷切削；

（2）操纵手柄集中，安排合理，溜板箱有快速移动机构，进给操纵较直观，操作方便，减轻劳动强度；

（3）具有高速细进给量，加工精度高，表面粗糙度小（公差等级能达到 IT6～IT7，表面粗糙度可达 $Ra0.8$）；

（4）溜板刻度盘有照明装置，尾座有快速夹紧机构，操作方便；

（5）外形美观，结构紧凑，清除切屑方便；

（6）床身导轨、主轴锥孔及尾座套筒锥孔都经表面淬火处理，使用寿命长。

CA6140 型车床的万能性较好，但结构复杂而且自动化程度低，在加工形状比较复杂的工件时，换刀较麻烦，加工过程中辅助时间较长，生产效率低，适用于单件、小批量生产及修理车间。

5. 主要技术规格

（1）床身上最大工件回转直径：400 mm。

（2）刀架上最大工件回转直径：210 mm。

（3）最大工件长度（4种）：750 mm；1 000 mm；1 500 mm；2 000 mm。

（4）中心高：205 mm。

（5）主轴孔直径：48 mm。

（6）主轴孔前端锥度：莫氏6号。

（7）主轴转速。

正转（24级）：10～1 400 r/min；

反转（12级）：14～1 580 r/min。

（8）车削螺纹范围。

公制螺纹（44种）：1～192 mm；

英制螺纹（20种）：2～24牙/英寸；

模数螺纹（39种）：0.28～48 mm；

径节螺纹（37种）：1～96 mm。

（9）进给量（纵、横向各64种）。

纵向标准进给量：0.08～1.59 mm/min；

纵向细进给量：0.028～0.054 mm/min；

纵向加大进给量：1.71～6.33 mm/min；

横向标准进给量：0.04～0.795 mm/min；

横向细进给量：0.014～0.027 mm/r；

横向加大进给量：0.086～3.16 mm/r；

纵向快移速度：4 m/min；

横向快移速度：2 m/min。

（10）刀架行程。

最大纵向行程（4种）：650 mm；900 mm；1 400 mm；1 900 mm。

最大横向行程：260 mm；295 mm。

小刀架最大行程：139 mm；165 mm。

主电动机功率：7.5 kW。

（11）机床工作精度。

精车外圆的圆度：0.01 mm。

精车外圆的圆柱度：0.01 mm/100 mm。

精车端面平面度：0.02 mm/400 mm。

精车螺纹的螺距精度：0.04 mm/100 mm　0.06 mm/300 mm。

精车表面粗糙度：Ra 0.8～1.6。

6. 车床传动系统简介

1）车削运动

为了完成车削工作，车床必须有主运动和进给运动的相互配合。工件的旋转运动是车床的主运动,它的功用是使刀具与工件间作相对运动,以获得所需的切削速度。主运动是实现切削最基本的运动,它的运动速度较高,消耗的功率较大。刀架的移动是车床的进给运动,刀架作平行于工件旋转轴线的纵向进给运动(车圆柱表面)或作垂直于工件旋转轴线的横向进给运动(车端面),也可作与工件旋转轴线成一定角度方向的斜向运动(车圆锥表面)或作曲线运动(车成形回转面)。进给运动的速度较低,所消耗的功率也较少。为了减轻工人的劳动强度及节省移动刀架所消耗的时间,在CA6140型普通车床中还有由单独电动机驱动的刀架纵向或横向的快速运动。

2)传动系统

熟悉车床传动系统,可以在车床发生故障时,及时了解和排除故障;车特殊规格螺纹时,可以方便调整交换齿轮和变换进给箱手柄位置等。因此熟悉车床传动系统非常必要。主运动是通过电动机驱动传动带,把运动输入到主轴箱。通过变速机构变速,使主轴得到不同的转速,再经卡盘(或夹具)带动工件旋转。而进给运动则是由主轴箱把旋转运动输出到交换齿轮箱,再通过交换齿轮、进给箱中齿轮、丝杠或光杠、溜板箱中齿轮使纵滑板纵向移动或横溜板横向移动带动刀架运动,从而控制车刀的运动轨迹,完成车削各种表面的工作。这种传动过程称为车床的传动系统。CA6140型车床传动系统见图3-1-3。

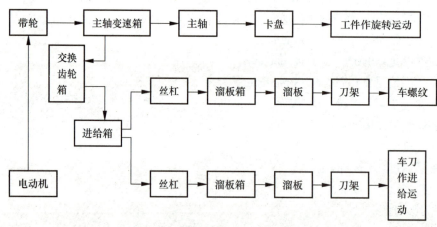

图3-1-3　CA6140型车床传动系统

3)传动系统图

机床的运动是通过传动系统实现的,为了便于了解和分析机床的运动和传动情况,通常应用机床的传动系统图。机床的传动系统图是表示机床全部运动和传动关系的示意图。在图中用简单的规定符号代表各种传动元件,各传动元件是按照运动传递的先后顺序,以展开图的形式画出来的。要把一个立体的传动结构展开并绘制在一个平面图中,有时必须把其中某一根轴绘成折断线或弯曲成一定夹角的折线;有时对于展开后失去联系的传动副,要用大括号或虚线连接起来以表示它们的传动联系。传动系统图只能表示传动关系,不能代表各元件的实际尺寸和空间位置。在传动系统图中常常还须注明齿轮及蜗轮的齿数、带轮直径、丝杠的导程和头数、电动机的转速和功率、传动轴的编号等。传动轴的编号,通常是从运动源(电动机等)开始,按运动传递顺序,顺次地用罗马数字Ⅰ、Ⅱ、Ⅲ、Ⅳ、…表示。图3-1-4是CA6140型车床主轴箱的传动系统图。

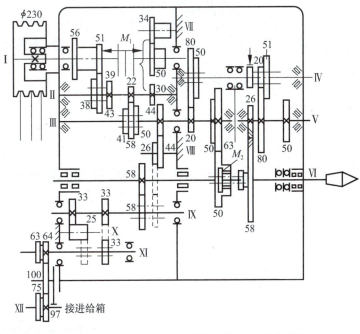

图 3-1-4　CA6140 型普通车床主轴箱的传动系统图

看懂传动路线是认识机床和分析机床的基础。通常，看懂机床传动路线的方法是"抓两端，连中间"，即要了解某一条传动链的传动路线时，首先应找到此传动链两端件，然后再找它们之间的传动联系。例如，要了解车床主运动传动链的传动路线时，首先应找出它的两个端件——电动机（动力源）及主轴（执行件），然后"连中间"，找出它们之间的传动联系，这样就能比较容易地找出它们的传动路线，列出此运动的传动路线表达式。

运动由主电动机经 V 输入主轴箱中的轴 I，轴 I 上装有一个双向多片式摩擦离合器 M_1，用以控制主轴的启动、停止和换向。M_1 的左右两部分分别与空套在轴 I 上的两个齿轮块连在一起。离合器 M_1 向左接合时，主轴正转；离合器 M_1 向右接合时，主轴反转；左、右都不结合时，主轴停转。轴 I 的运动经离合器 M_1 和轴 I - III 间变速齿轮传至轴 IV，然后分两路传至主轴。当主轴 VI 上的齿轮式离合器 M_2 脱开时，运动由轴 III 经齿轮副 $\frac{63}{50}$ 直接传给主轴，使主轴得到高转速（450～1 400 r/min）；当 M_2 处于接合时，运动由轴 III—IV—V 间的齿轮机构和齿轮副 $\frac{26}{58}$ 传给主轴，使主轴获得中、低转速（10～500 r/min）。主运动传动链的传动路线表达式如下：

$$\begin{Bmatrix}\text{主电动机}\\ 7.5\text{ kV}\\ 1\,450\text{ r/min}\end{Bmatrix}-\frac{\phi 130}{\phi 230}-\text{I}-\begin{Bmatrix}M_1(\text{左})\\ (\text{正转})\end{Bmatrix}\begin{Bmatrix}\frac{56}{38}\\ \frac{51}{43}\end{Bmatrix}\\ M_1(\text{右})-\frac{50}{34}-\text{VII}-\frac{34}{30}\end{Bmatrix}-\text{II}-\begin{Bmatrix}\frac{39}{41}\\ \frac{30}{50}\\ \frac{22}{58}\end{Bmatrix}$$

$$\text{III} \begin{Bmatrix} \dfrac{20}{80} \\ \dfrac{50}{50} \end{Bmatrix} - \text{IV} \begin{Bmatrix} \dfrac{20}{80} \\ \dfrac{51}{50} \end{Bmatrix} - \text{V} \begin{Bmatrix} \dfrac{63}{50} \quad (M_2 \text{左移}) \\ \dfrac{26}{58} - M_2 (\text{右移}) \end{Bmatrix} - \text{VI(主轴)}$$

任务 2　识读 CA6140 型车床主轴装配图

CA6140 型车床主轴装配图如图 3-2-1 所示。

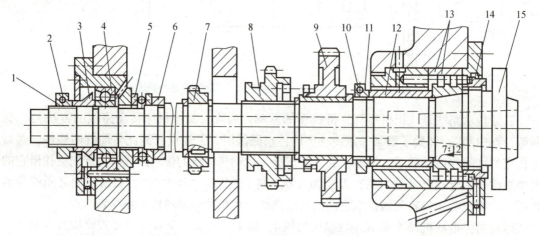

图 3-2-1　CA6140 型车床主轴装配图
1, 11, 14—螺母；2, 10—锁紧螺钉；4—角接触球轴承；5—推力球轴承；7, 8—齿轮；
9—斜齿圆柱齿轮；3, 6, 12—轴套；13—双列圆柱滚子轴承；15—主轴

CA6140 型卧式车床的主轴是一个空心阶梯轴，其内孔用于通过长棒料或穿入钢棒卸下顶尖，或通过气动、液压或电气夹紧装置的管道、导线。主轴前端的莫氏 6 号锥孔用于安装前顶尖或心轴，利用锥面配合的摩擦力直接带动顶尖或心轴转动。主轴前端采用短锥法兰式结构，主轴轴肩右端面上的圆形拨块用于传递转矩，主轴尾端的圆柱面是安装各种辅具（气动、液压或电气装置）的安装基面。

拓展阅读
CA6140 型普通车床
主轴零件图片库

主轴的前支承是 D 级精度的 3182121 型双列圆柱滚子轴承 13，用于承受径向力。这种轴承具有刚性好、精度高、尺寸小及承载能力大等优点。后支承有 2 个滚动轴承，一个是 D 级精度的 46215 型角接触球轴承 4，大口向外安装，用于承受径向力和由后向前方向的轴向力。后支承还采用一个 D 级精度的 8215 型推力球轴承 5，用于承受由前向后方向的轴向力。

主轴上装有三个齿轮：
（1）右端的斜齿圆柱齿轮 9 空套在主轴 15 上。采用斜齿轮可以使主轴运转比较平稳；

由于它是左旋齿轮，在传动时作用于主轴上轴向分力与纵向切削力方向相反，因此，还可以减少主轴后支承所承受的轴向力。

（2）中间的齿轮 8 可以在主轴的花键上滑移，它是内齿离合器。当离合器处在中间位置时，主轴空挡，此时可较轻快地扳动主轴转动以便找正工件或测量主轴旋转精度。当离合器在左面位置时，主轴高速运转；移到右面位置时，主轴在中、低速段运转。

（3）左端的齿轮 7 固定在主轴上，用于传动进给链。

任务 3　拆装 CA6140 型车床主轴（含轴承）

3.1　拆装前准备

1. 拆装前检查

拓展阅读
CA6140 型车床
主轴拆装工作页

任何机械必须进行拆前静态与动态性能检查，并在分析的基础上，制定初步的拆装方案后，才能进行零件拆卸。否则，盲目进行拆卸，只会事倍功半，导致设备精度下降，或者损坏零、部件，引起新的故障发生。

拆前检查主要是通过检查机械设备静态与动态下的状况，弄清设备的精度丧失程度和机能损坏程度，具体存在的问题及潜在的问题都要进行整理登记。

机械设备的精度状态主要是指设备运动部件主要几何精度的精确程度。对于金属切削机床来说，它反映了设备的加工性能；对于机械作业性质的设备来说，它主要反映了机件的磨损程度。

机械设备的机能状态，是指设备能完成各种功能动作的状态。它主要包括以下内容：传动系统是否运转正常，变速齐全；操作系统动作是否灵敏可靠；润滑系统是否装置齐全、管道完整、油路畅通；电气系统是否运行可靠、性能灵敏；滑动部位是否运转正常，各滑动部位有无严重的拉、研、碰伤及裂纹损坏等。

2. 制定拆装方案

根据检查情况，确定拆装工艺方案。拆装工艺方案的选择主要是指按所拆卸设备的结构、零件大小、制造精度、生产批量等因素，选择拆装工艺的方法、拆装的组织形式及拆装的机械化自动化程度。

常用的装配方法有完全互换法、不完全互换法、分组选配法、调整法及修配法。本任务在完成时主要采用完全互换法。完全互换法的工艺特点是：配合件公差之和小于或等于规定的装配允差；装配操作简单，便于组织流水作业，有利于维修工作；完全互换法适用于对零件的加工精度要求较高、零件数较少、批量小、零件可用经济加工精度制造的产品或虽零件数较多、批量较大，但装配精度要求不高者，如机床、汽车、拖拉机、中小型柴油机和缝纫机等产品中的一些部件装配。

1) 编制拆装工艺的原则

（1）进入装配的零件必须符合清洁度要求，并注意贮存期限和防锈。过盈配合或单配的零件，在装配前，对有关尺寸应严格进行复检，并打好配对记号。

（2）按产品结构、装配设备和场地条件，安排先后进入装配作业场地的零、部件顺序，使作业场地保持整洁有序。

（3）选择合适的装配基件，基件的外形和质量在所有零、部件中占主要地位，并有较多的公共结合面。大型基件，如机床床身，要注意其就位时的水平度，要防止因重力或紧固产生变形而影响装配精度。

（4）确定拆装的先后次序应有利于保证装配精度。一般是先下后上，先内后外，先难后易，先重大后轻小，先精密后一般；另外，处于同方位的装配作业应集中安排，避免或减少装配过程中基件翻身或移位；使用同一工艺装备，或要求在特殊环境中的作业，应尽可能集中，以免重复安装或来回运输。

（5）按设备或零、部件的技术要求，选择合适的工艺和设备。例如：对过盈连接选用压配法还是温差配合法，并确定其技术参数；调整、修配工作要选定合适的环节；形位误差校正如何找正，如何调节；不仅要达到装配精度，更应争取最大的精度储备，延长产品的使用寿命。

（6）通常拆装区域不宜安装切削加工设备，对不可避免的配钻、配铰或配刮等装配工序，要及时清理切屑，保持场地清洁。

（7）精密仪器、轴承及机床拆装时，拆装区域除了不应产生切屑和尘埃外，还要考虑温度、湿度、清洁度、隔振等要求。对形位精度要求很高的重大关键件，要使用超慢速的吊装设备；对重型产品，如挖掘机等的搬运、移动，装配区域要考虑耐压、耐磨等要求。

（8）推广和发展新工艺新技术，积极开展新工艺试验，使装配工艺规程技术先进，经济合理。

2）拆装工艺规程编制程序

（1）了解制定拆装工艺规程的原始资料、产品的装配图和零件图以及该产品的性能、特点、用途、使用环境等，认识各部件在产品中的位置和作用，找出装配过程中的关键技术。制定拆装工艺规程的原始资料，主要是产品图样及其技术要求；生产纲领、生产类型；目前机械制造水平和人文环境等。

（2）在充分理解产品设计的基础上，审查其结构的拆装工艺性。对拆装工艺不利的结构应提出改进意见，尤其在机械化、自动化装配程度较高时，显得更为重要。

（3）根据生产纲领、生产类型和经济条件，确定投入批量（单品种大量生产除外）和拆装工艺原则。如：拆装生产的组织形式；产品关键部位的拆装方法及其设备；零、部件的贮存和传送方法及其设备；拆装作业的机械化、自动化程度；装配基础件的确定等。

（4）将产品全部零、部件，按既定的拆装工艺原则组合装配单元，编制拆装工艺流程图。

（5）按装配工艺流程图设计产品的拆装全过程（含各种检验），编制拆装工序综合卡，并进行修正和完善。

3. 清洗零件

清洗零件是指清除工件表面上液态和固态的污染物，使工件表面达到一定的清洁度。清洗零件过程是清洗介质、污染物、工件表面三者之间的一种复杂的物理、化学作用过程，不仅与污染物的性质、种类、形态及黏附的程度有关，还与清洗介质的理化性质、工件的材质、表面形态，以及清洗条件，如：温度、压力及附加的振动、机械外力等有关。选择科学合理的清洗过程，才能取得理想的效果。

1) 清洗零件的要求

（1）在清洗溶液中，对全部拆卸件都应进行清洗。彻底清除表面上的脏物，检查其磨损痕迹、表面裂纹和砸伤缺陷等。通过清洗，结合机械零件修护原则决定零件的再用或修换。

（2）必须重视再用零件或新换件的清理，要清除由于零件在使用中或者加工中产生的毛刺。例如滑移齿轮的圆倒角部分，轴类零件的螺纹部分，轴类零件的螺纹部分，孔、轴滑动配合件的孔口部分都必须清理掉零件上的毛刺、毛边。这样才有利于装配工作与零件功能的正常发挥。零件清理工作必须在清洗过程中进行。

（3）零件清洗并且干燥后，必须涂上机油，防止零件生锈。若用化学碱性溶液清洗零件，洗涤后还必须用热水冲洗，防止零件表面腐蚀。精密零件和铝合金件不宜采用碱性溶液清洗。

（4）清洗设备的各类箱体时，必须清除箱内残存磨屑、漆片、灰砂、油污等。要检查润滑过滤器是否有破损、漏洞，以便修补或更换。对于油标表面除清洗外，还要进行研磨抛光提高其透明度。

2) 清洗剂的选择

清洗剂的评价要素主要是去污力强、安全可靠、价格低廉、质量稳定、环保性能好等。煤油或轻柴油在清洗零件中应用较广泛，能清除一般油脂，无论铸件、钢件或有色金属件都可清洗，使用比较安全，但挥发性较差。对于精密零件最好使用含有添加剂的专用汽油进行清洗。

3) 常用的清洗方法

（1）擦洗。用旧棉纱蘸上干净的清洗溶液擦洗工件表面。此法操作简易，设备简单，生产效率低，适用于单件、小批量生产的中小型工件、大型工件的局部清洗以及严重污垢工件的头道清洗。

（2）浸洗。将零件直接放入盛有清洗液的容器之中，用毛刷仔细刷洗零件表面。此法操作简易，设备简单，清洗时间长，常与手工擦洗结合进行，多用于有轻度油脂污染的零件，批量大、形状复杂的工件。

（3）喷洗。将清洗液在一定压力下，定向喷洒到待洗零件上面，形成的冲击力将污垢除去。此法设备复杂，但效率高，多用于批量生产或油污严重的大型工件或重要工件的重要部位（如曲轴油道）。

3.2 拆装 CA6140 型普通车床主轴

1. 设备零件拆装的一般原则

（1）首先必须熟悉设备的技术资料和图纸，弄懂机械传动原理，掌握各个零、部件的结构特点和装配关系以及定位销子、轴套、弹簧卡圈、锁紧螺母、锁紧螺钉与顶丝的位置和退出方向。

课堂实录
拆卸 CA6140 型车床主轴

（2）机械设备的拆卸程序要坚持与装配程序相反的原则。在切断电源后，先拆外部附件，再将整机拆成部件总成，最后全部拆成零件，按部件归类放置。

（3）在拆卸轴孔装配件时，通常应该坚持用多大力装配，就基本上用多大力拆卸的原则。如果出现异常情况，就应该查找原因，防止在拆卸中将零件碰伤、拉毛、甚至损坏。热装零件要利用加热来拆卸，例如热装轴承可用热油加热轴承内圈进行拆卸。一般情况下，在拆卸过程中不允许进行破坏性拆卸。

（4）对于拆卸大型零件要坚持慎重、安全的原则。拆卸中要仔细检查锁紧螺钉及压板等零件是否拆开。吊挂时，必须粗估零件重心位置，合理选择直径适宜的吊挂绳索及吊挂受力点。注意受力平衡，防止零件摆晃，避免吊挂绳索脱开与折断等事故发生。

（5）要坚持拆卸服务于装配的原则。如果被拆卸设备的技术资料不全，拆卸中必须对拆卸过程有必要的记录，以便安装时遵照"先拆后装"的原则重新装配。在拆卸中，为防止搞乱关键件的装配关系和配合位置，避免重新装配时精度下降，应该在装配件上用划针做出明显标记。对于拆卸出来的轴类零件应该悬挂起来，防止弯曲变形。精密零件要单独存放，避免损坏。

2. 常用拆装工具

1）常用螺纹连接拆装工具

螺纹连接是一种可拆的固定连接，它具有结构简单、连接可靠、装拆方便等优点，在机械中应用广泛。其主要类型有螺栓连接、双头螺柱连接、螺钉连接及紧定螺钉连接等。

（1）螺钉旋具。用于拆装头部开槽的螺钉。常用的螺钉旋具有一字旋具（俗称螺丝刀）、十字旋具、快速旋具和弯头旋具。常用螺钉旋具如图3-3-1所示。

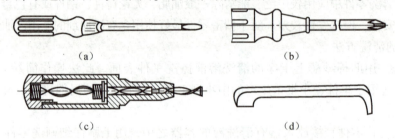

图3-3-1 常用螺钉旋具

（a）一字旋具；（b）十字旋具；（c）快速旋具；（d）弯头旋具

（2）扳手。扳手用来拆装六角形、正方形螺钉及各种螺母，常用工具钢、合金钢或可锻铁制成。扳手从应用角度可分为活络扳手和专用扳手，活络扳手在生产生活中常见。常用扳手如图3-3-2所示。

2）常用过盈连接拆装工具

利用材料的弹性变形，把具有一定配合过盈量的轴和轮毂孔套装起来的连接，称为过盈连接。过盈连接具有结构简单、对中性好、承载能力强、在冲击和振动载荷下工作可靠等优点。缺点是过盈连接对配合表面的加工精度要求高，装拆较困难。过盈连接多用于承受重载及无须经常装拆的场合。过盈连接拆装工具如图3-3-3所示。

3. 常见拆装方法

1）螺纹连接的装配

（1）装配要求。螺纹连接要保证有合适的拧紧力。双头螺柱的装配，必须保证双头螺柱与机体螺纹的配合有足够的紧固性。双头螺柱紧固端的紧固方法如图3-3-4所示；双头螺柱的轴心线必须与机体表面垂直，装配时可用90°角尺进行检验。如发现较小的偏斜时，可用丝锥校正螺孔后再装配，或将装入的双头螺柱校正至垂直。偏斜较大时，不得强行校正，以免影响连接的可靠性。

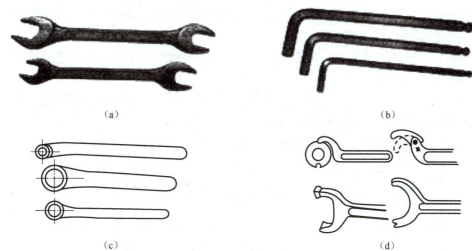

图3-3-2 常用扳手
(a) 开口扳手；(b) 内六角扳手；(c) 整体扳手；(d) 钩形扳手

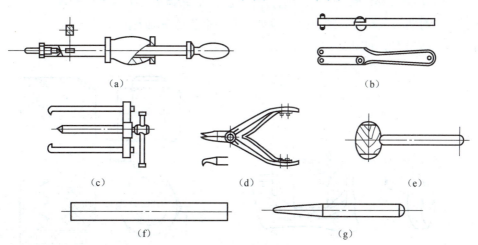

图3-3-3 常用过盈连接拆装工具
(a) 拔销器；(b) 双销扳子；(c) 顶拔器；(d) 弹性卡环钳；(e) 木槌；(f) 铜棒；(g) 销子冲头

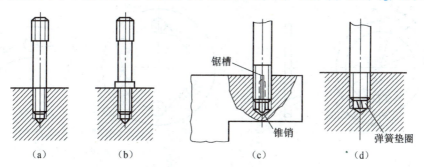

图3-3-4 双头螺柱装配
(a) 具有过盈的配合；(b) 带有台肩的紧固；(c) 采用圆锥销紧固；(d) 采用弹簧垫圈止退

（2）螺纹防松方法。

① 加弹簧垫圈。这种方法适用于机械外部的螺纹防松。为保证弹簧垫圈有适度的弹力，要求在自由状态下，开口处相对面的位移量不小于垫圈厚度的 50%。当多次拆装使开口相对面的位移量不足时，应更换新垫圈。

② 用双螺母锁紧。锁紧螺母采用薄型螺母。在拧紧薄型螺母时，必须用两只扳手将薄型螺母与原有螺母相对地拧紧。

③ 用止退垫圈锁定。这种方法适用于圆螺母防松。锁定时将垫圈的内爪嵌入外螺纹的槽中，将垫圈的外爪弯曲压入圆形螺母的槽中。

④ 用钢丝绑紧。成对或成组的螺钉，可以用钢丝穿过螺钉头互相绑住，防止回松。用钢丝绑的时候，钢丝绕转的方向必须与螺纹拧紧方向相同。这种防松方法常用于要求防松可靠、不容易进行机械拆装的场合。对于紧定螺钉必须在轴槽上绕一周钢丝，使钢丝嵌入紧定螺钉的起子槽内绑紧。

⑤ 用开口销锁紧。螺母拧紧到规定的力矩范围以后，使槽形螺母的端面槽对准销孔，再将开口销插入，分开销头紧贴到螺母的六角侧平面上。使用无槽螺母时，应配合垫圈厚度，使开口销插入销孔能恰好顶住螺母端面。

⑥ 用保险垫圈锁定。螺母拧紧以后，将垫圈外爪分别上、下弯曲，使向下弯曲的爪贴住工件，向上弯曲的爪贴紧到螺母的六角对边上，不能贴在角上。

常用螺纹防松方法如图 3-3-5 所示。

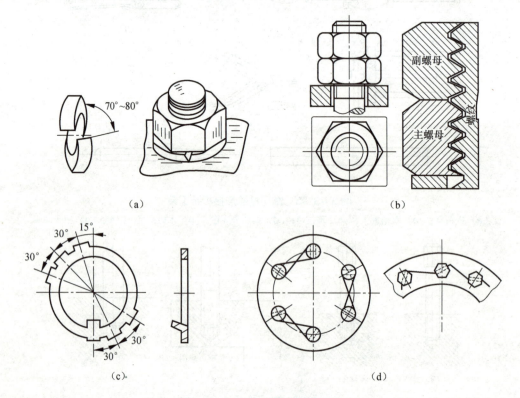

图 3-3-5　常用螺纹防松方法

（a）弹簧垫圈防松；（b）双螺母防松；（c）用止退垫圈锁紧；（d）用钢丝绑紧

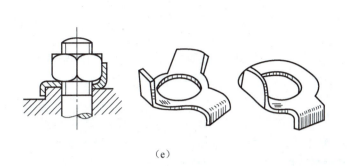
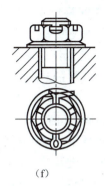

图 3-3-5 常用螺纹防松方法（续）

(e) 六角螺母与带耳垫圈防松；(f) 开口销与带槽螺母防松

(3) 双头螺柱拧紧的方法。双头螺柱的拧紧方法见图3-3-6。

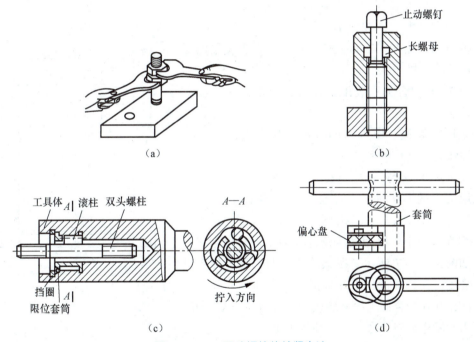

图 3-3-6 双头螺柱的拧紧方法

(a) 双螺母拧入法；(b) 长螺母拧入法；(c) 螺柱拧入法；(d) 偏心盘拧入法

2) 键连接的装配

(1) 松键连接的装配要点。

① 清理键及键槽上的毛刺，以防配合产生过大的过盈量而破坏配合的正确性；

② 对于重要的键连接，装配前应检查键的直线度、键槽对轴心线的对称度及平行度等；

③ 用键的头部与轴槽试配，应能使键较紧地嵌在轴槽中（对普通平键和导向平键而言）；

④ 锉配键长时，在键长方向上键与轴槽留有0.1 mm左右的间隙；

⑤ 在配合面上加机油，用铜棒或台虎钳将键压装在轴槽中，并与槽底接触良好；

⑥ 试配并安装套件（如齿轮、带轮等）时，键与键槽的非配合面应留有间隙，以便轴与套件达到同轴度要求；

⑦ 装配后的套件在轴上不能左右摆动，否则，容易引起冲击和振动。

（2）楔键连接的装配要点。装配楔键时，要用涂色法检查楔键上下表面与轴槽或轮毂槽的接触情况，若接触不良，应修整键槽。合格后，在配合面加润滑油，轻敲入内，保证套件周向、轴向固定可靠。

（3）花键连接的装配要点。

① 静连接花键装配。套件应在花键轴上固定，故有少量过盈，装配时可用铜棒轻轻敲入，但不得过紧，以防拉伤配合表面；过盈量较大时，应将套件加热至80℃～120℃后进行热装。

② 动连接花键装配。套件在花键轴上可以自由滑动，没有阻滞现象，但间隙应适当，用手摆动套件时，不应感觉有明显的周向间隙。

3）过盈配合连接的装配

过盈配合主要适用于受冲击载荷零件的连接以及拆卸较少的零件连接。装配方法主要是采用压力机压入装配和温差法装配，根据零件的配合性质选择过盈配合的装配方法。以优先常用配合为例，按照 H7/n6、N7/h6、H7/p6、Y7/h6 配合关系装配的零件，可以用压力机压入；按照 H7/s6、S7/h6 配合关系装配的零件，既可用压力机压入，也可用温差法进行装配；按照 H7/u6、U7/h6 配合关系装配的零件，通常都是用温差法进行装配。

（1）压入装配。压入力的大小，与零件的尺寸大小、刚性强弱、过盈量多少有关。

一般在修理装配过程中，是根据现有工具和压力机情况采用试验的方法进行。过盈量较小的小直径零件，可用手锤借助铜棒或衬垫敲击压入件进行装配。在小型工厂及维修车间中可以用液压千斤顶借助钢轨框架进行压入，如图 3-3-7 所示。在试验压入时，可根据零件压入所需压力，选择液压千斤顶的大小。压入时要保持零件干净，并在配合面上涂一层机油。安放零件要端正，以免压入时发生偏斜、拉毛、卡住等现象。

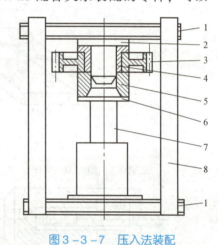

图 3-3-7 压入法装配

1—钢轨；2—压轴；3—齿轮；4—衬套；
5—垫套；6—垫板；7—千斤顶；8—侧框

（2）温差法装配。通常主要是加热包容件进行装配。加热的方法有：

① 油中加热，可达90℃左右。

② 水中加热，可达近100℃。

③ 电与电器加热，温度可控制在75℃～200℃之间，主要方法有电炉加热、电阻法加热以及感应电流法加热等。

对于薄壁套筒类零件的连接，条件具备时常采用冷却轴的方法进行装配。常用冷却剂有：干冰、液态空气、液态氮、氨等。

4）滚动轴承的拆装

（1）拆装前的准备工作。

① 按所要拆装的轴承准备好所需工具和量具。

② 按图样要求检查与轴承相配的零件，如轴颈、箱体孔、端盖等表面的尺寸是否符合图样要求，是否有凹陷、毛刺、锈蚀和固体微粒等。并用汽油或煤油清洗，仔细擦净，然后薄薄地涂上一层油。

③ 检查轴承型号与图样是否一致，并清洗轴承。如轴承是用防锈油封存的，可用汽油或煤油清洗；如轴承是用厚油和防锈油脂封存的，可用轻质矿物油加热溶解清洗（油温不超过100℃）。

④ 把轴承浸入油内，待防锈油脂溶化后即从油中取出，冷却后再用汽油或煤油清洗，擦净待用。对于两面带防尘盖、密封圈或涂有防锈和润滑两用油脂的轴承，则不需要进行清洗。

（2）滚动轴承的装配方法。滚动轴承的装配方法应根据轴承结构、尺寸大小及轴承部件的配合性质来确定。

① 圆柱孔轴承的装配。

a. 座圈的安装顺序。按轴承的类型不同，轴承内、外圈有不同的安装顺序。

不可分离型轴承（如向心球轴承等）应按座圈配合松紧程度决定其安装顺序。当内圈与轴颈配合较紧，外圈与壳体孔配合较松时，应先将轴承装在轴上，如图3-3-8（a）所示。压装时，以铜或软钢做的套筒垫在轴承内圈上，然后，连同轴一起装入壳体中。当轴承外圈与壳体孔为紧配合，内圈与轴颈为较松配合时，应将轴承先压入壳体中，如图3-3-8（b）所示。这时，套筒的外径应略小于壳体孔直径。当轴承内圈与轴，外圈与壳体孔都是紧配合时，应把轴承同时压在轴上和壳体孔中，如图3-3-8（c）所示。这时，套筒的端面应做成能同时压紧轴承内外圈端面的圆环。总之，装配时的压力应直接加在待配合的套圈端面上，决不能通过滚动体传递压力。

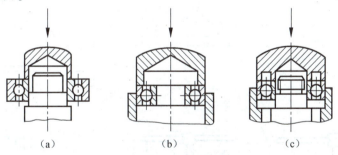

图3-3-8 轴承与轴及轴承座孔的装配
(a) 轴与轴承紧配合；(b) 轴与座孔紧配合；(c) 均为紧配合

分离型轴承（如圆锥滚子轴承）由于外圈可以自由脱开，装配时内圈和滚动体一起装在轴上，外圈装在壳体孔内，然后再调整它们之间的游隙。

b. 座圈压装方法选择。座圈压装方法及所用工具的选择，主要由配合过盈量的大小确定。当配合过盈量较小时，可用铜棒套筒压装法，注意严格禁止用手锤直接击打滚动轴承的内外圈；当过盈量较大时，可用压力机压装；当过盈量很大时，常采用温差装配法。

② 推力球轴承的装配。推力球轴承有松环和紧环之分，装配时要注意区分。松环的内孔比紧环内孔大，与轴配合有间隙，能与轴相对转动；紧环与轴取较紧的配合，与轴相对静止。如图3-3-9所示的推力球轴承，装配时一定要使紧环靠在转动零件的平面上，松环靠在

静止零件的平面上。否则不仅会使滚动体丧失作用，同时也会加快紧环与零件接触面间磨损。

（3）滚动轴承的拆卸。滚动轴承的拆卸方法与其结构有关。对于拆卸后还要重复使用的轴承，拆卸时不能损坏轴承的配合表面，不能将拆卸的作用力加在滚动体上，如图3-3-10所示的方法是不正确的。

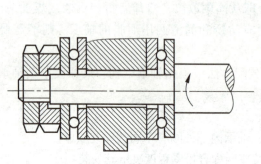
图3-3-9 推力球轴承装配

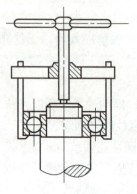
图3-3-10 不正确的轴承拆卸方法

圆柱孔轴承的拆卸，可以用压力机、拉出器或根据具体情况自制工具进行拆卸，如图3-3-11所示。

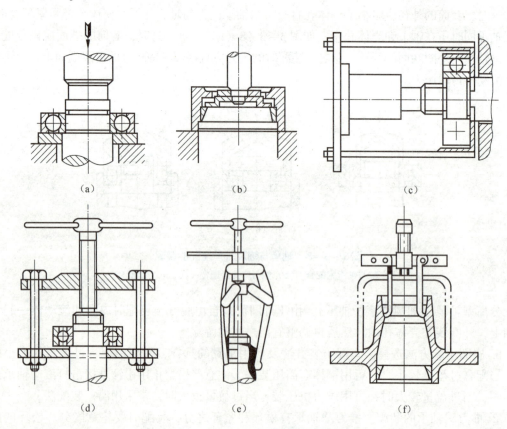

图3-3-11 滚动轴承的拆卸

（a）从轴上拆卸轴承；（b）可分离轴承拆卸；（c）自制工具；（d）双杆顶拔器；（e）三杆顶拔器；（f）拉杆顶拔器

圆锥孔轴承直接装在锥形轴颈上或装在紧定套上，可以拧松锁紧螺母，然后利用软金属棒和手锤向锁紧螺母方向敲击，将轴承敲出。

当轴承尺寸与过盈量较大时，往往还需要对轴承内圈用热油加热，才能拆卸下来。在加热前用石棉把靠近轴承的那一部分轴隔开，将拆卸器的卡爪钩住轴承内圈，然后迅速将温度为100℃的热油倒入轴承，使轴承加热，随之从轴上开始拆卸轴承，以免轴承和轴颈遭到损坏。

（4）滚动轴承的检验。机器设备在拆装时应将轴承彻底清洗干净，并逐个予以检验。检验主要内容有以下三个方面：

① 外观检视。检视内、外圈滚道、滚动体有无金属剥落及黑斑点，有无凹痕；保持架有无裂纹，磨损是否严重；铆钉是否有松动现象。

② 空转检验。手拿内圈旋转外圈，轴承是否转动灵活，有无噪声、阻滞等现象。

③ 游隙测量。轴承的磨损大小，可通过测量其径向游隙来判定。如图3-3-12所示，将轴承放在平台上，使百分表的测头抵住外圈，一手压住轴承内圈，另一手往复推动外圈，则百分表指针指示的最大与最小数值之差，即为轴承的径向游隙。所测径向游隙值一般不应超过0.1~0.015 mm。

图3-3-12　检查滚动轴承径向游隙

（5）滚动轴承的保养与修理。滚动轴承在使用过程中有时会出现故障，长期使用也会磨损或损坏。发现故障后应及时调整、修理，否则轴承将会很快地严重损坏。滚动轴承常见故障和磨损的现象、原因和解决方法如下：

① 轴承工作时发出尖锐哨音，原因是轴承间隙过小或润滑不良。应及时调整间隙，对轴承进行清洗，重新润滑。

② 轴承工作时发出不规则声音，原因是有杂物进入轴承。应及时清洗轴承，重新润滑。

③ 轴承工作时发出冲击声，原因是滚动体或轴承圈有破裂处，应及时更换新轴承。

④ 轴承工作时发出轰隆声，原因是轴承内、外圈槽严重磨损剥落，应更换新轴承。

⑤ 当拆卸轴承，发现轴颈磨损时，可采用镀铬法修复；发现轴承座孔磨损时，可用喷涂法或镶套法修复，并经机械加工达到要求的尺寸。

⑥ 在检验中，如发现内、外圈滚道、滚动体有严重烧伤变色或出现金属剥落及大量黑斑点，内、外圈滚动体或保持架发现裂纹或断裂，空转检验时转动不灵活，径向游隙过大等情况时，则应更换轴承。如损坏情况轻微，在一般机械中可继续使用。

⑦ 如发现轴承内圈与轴或外圈与座孔松动时，可采取金属喷镀轴颈，或电镀轴承内、外圈表面的方法进行修复，以便继续使用。

5）圆柱齿轮的装配

圆柱齿轮的装配一般分两步进行：先把齿轮装在轴上，再把齿轮轴部件装入箱体。

（1）齿轮与轴的装配。在轴上空套或滑移的齿轮，其装配精度取决于零件本身的加工精度，很容易装配。在轴上固定的齿轮，与轴多为过渡配合，有少量的过盈。过盈量小时，用敲击法装配；过盈量大时，用压力机压装。齿轮与轴装配时，应避免齿轮偏心、歪斜和齿轮端面未靠紧轴肩等安装现象。

齿轮在轴上装好后，对于精度要求高的要检查径向跳动量和端面跳动量。在检验齿轮径向跳动量时，应在齿间放入圆柱规，将百分表的触头抵在圆柱规上读数，然后转动齿轮，每隔3~4齿检查一次，在齿轮转动一周内，百分表的最大读数与最小读数之差，就是齿轮的径向跳动误差。检查齿轮端面跳动量时，用百分表触头抵在齿轮端面上，齿轮转一周时，百分表的最大读数与最小读数之差即为齿轮端面跳动量。检验方法如图3-3-13所示。

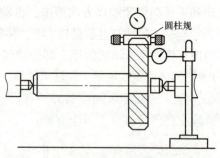

图3-3-13 齿轮径向和端面跳动量检查

(2) 齿轮轴部件装入箱体

① 齿轮轴部件装入箱体前对箱体进行检查；机器拆卸后的装配，一般对箱体不作检查。但箱体磨损严重或大修时，应对箱体上互相啮合的齿轮轴孔的孔距、平行度、轴线与基准面之间的尺寸精度和平行度、轴线与箱体端面的垂直度和孔中心线同轴度等进行检验，合格后方可进行装配。不合格则对箱体进行修理。

② 按装配技术要求将齿轮轴部件装入箱体。

③ 检查齿轮啮合质量，主要是检验齿侧间隙。

a. 百分表检验法。如图3-3-14所示为用百分表测量齿侧间隙的方法。测量时，将一个齿轮固定，在另一个齿轮上装上夹紧杆1。由于侧隙存在，装有夹紧杆的齿轮便可摆动一定角度，在百分表2上得到读数C，则此时齿侧间隙C_n为：

$$C_n = CR/L$$

式中，C——百分表的读数，mm；

R——装夹紧杆齿轮的分度圆半径，mm；

L——夹紧杆长度，mm。

也可将百分表直接抵在一个齿轮的齿面上，另一齿轮固定。将接触百分表触头的齿从一侧啮合迅速转到另一侧啮合，百分表上的读数差值即为齿侧间隙。

b. 压铅丝检验法。如图3-3-15所示，在齿宽两端的齿面上，平行放置两条铅丝（宽齿应放置3~4条），其直径不宜超过最小间隙的4倍。使齿轮啮合并挤压铅丝，铅丝被挤压后最薄处的尺寸，即为侧隙。机器修理后，常用铅丝检验齿侧间隙。

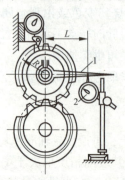

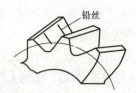

图3-3-14 用百分表检验齿侧间隙
1—夹紧杆；2—百分表

图3-3-15 压铅丝检验齿轮侧隙

c. 接触精度的检验。接触精度的主要指标是接触斑点。检验接触斑点一般用涂色法，将红丹粉涂于大齿轮齿面上。转动齿轮时，被动轮应轻微制动。齿轮上接触印痕的面积大小，应该由齿轮精度而定。一般传动齿轮在轮齿的高度上接触斑点不少于30%~50%，在轮齿的宽度上不少于40%~70%，其分布的位置应是自分度圆处上下对称分布。对双向工作的齿轮传动，正反两个方向都应检验。影响齿轮接触精度的主要因素是齿形精度及安装是否正确，当接触斑点位置正确而面积太小时，是由于齿形误差太大所致。应在齿面上加研磨剂并使两轮转动进行研磨，以增加接触面积。齿形正确而安装有误差造成接触不良的原因及对应的调整方法见表3-3-1。

表3-3-1 齿轮接触精度检验

接触斑点	原因分析	调整方法
正常	—	—
上齿面接触	中心距偏大	调整轴承支座或刮削内圈
下齿面接触	中心距偏小	调整轴承支座
一端接触	两齿轮轴线平行度误差	微调可调环节
搭角接触	两齿轮轴线相对歪斜	微调可调环节
异侧齿面接触不同	两面齿向误差不一致	调换齿轮
不规则接触	齿圈径向圆跳动量较大	运用定向装配法调整；消除齿轮定位面异物（毛刺、凸点等）
鳞状接触	齿面有毛刺或有碰伤隆起	去除毛刺、硬点等；低精度可采用磨合措施

4. 拆装 CA6140 型普通车床主轴

1）拆装卡盘

主轴前端采用短锥法兰式结构与卡盘连接，如图 3-3-16 所示。安装时，使事先装在拨盘或连接盘 4 上的四个双头螺栓 5 及其螺母 6 通过主轴肩及锁紧盘 2 的圆柱孔，然后将锁紧盘 2 转过一个角度，双头螺栓 5 处于锁紧盘的沟槽内，并拧紧螺钉 7 和螺母 6，就可以使卡盘或拨盘可靠地安装在主轴的前端。这种结构装卸方便，夹紧可靠，定心精度高；主轴前端悬伸长度较短，有利于提高主轴组件的刚度，所以得到广泛的应用。

视频 装配 CA6140 型车床主轴

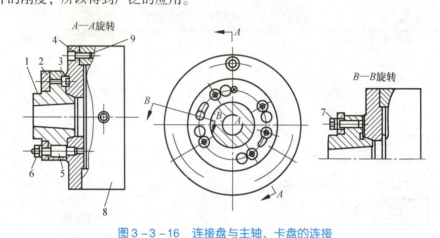

图 3-3-16 连接盘与主轴、卡盘的连接

1—主轴；2—锁紧盘；3—端面键；4—连接盘；5—螺栓；6—螺母；7、9—螺钉；8—卡盘

连接盘前面的阶台面是安装卡盘 8 的定位基面，与卡盘的后端面和阶台孔（俗称止口）配合，以确定卡盘相对于连接盘的正确位置（实际上是相对主于轴中心的正确位置）。通过三个螺钉 9 将卡盘与连接盘连接在一起。这样，主轴、连接盘、卡盘三者可靠地连为一体，并保证了主轴与卡盘同轴心。

图 3-3-16 中端面键 3 可防止连接盘相对主轴转动，是保险装置。螺钉 7 为拆卸连接盘时用的顶丝。

2）拆装 CA6140 型车床主轴组件

（1）由主轴结构可以看出，主轴的各部分结构由左至右直径逐渐变粗，成阶梯状。因此，主轴拆卸应由左至右打出。主轴的前轴承为内孔以 1:12 的锥度与轴颈相配合的双列圆柱滚子轴承，前轴承要和主轴先一起拆下，最后才从主轴上拆下。

（2）由于安装使用中轴承被预紧，使前后轴承圈间和轴承座、主轴轴颈的配合都很紧密，给拆卸带来困难。因此，在卸掉前端盖和后罩盖等零件后，必须先拧松圆螺母 1、6、11、14，（如图 3-2-1 所示）注意要松掉锁紧螺钉。

（3）从主轴箱中拿出轴承 5，衬套 6，齿轮 7、8、9，螺母 11，衬套 12 等，最后，在主轴上的圆柱滚子轴承内圈端面上垫铜套将其敲出。

（4）主轴拆卸过程中，充分研讨主轴的结构特点、工作原理、各零件的功用。应特别注意滚动轴承的位置及推力轴承的松紧圈朝向；注意零件的相互位置关系，做好记录。

（5）随时清洗拆下的零件，掌握零件的清洗操作及方法的选择。

（6）练习检查零件的表面磨损状况及缺陷；练习将拆下的零件按次序排放，以方便主轴轴组装配训练。

任务4　归纳技术难点、解决办法与注意事项

（1）拆卸前的准备工作。
（2）拆卸过程中，注意做好记录和标识。
（3）安装时，要按照在拆卸时所做的记录进行安装，并且要注意安装的顺序。
（4）拆卸下的零件及螺钉应放在专门的盒内，以免丢失。装配后，盒内的东西应全部用上，否则装配不完整。

课程思政教学设计方案

教学内容

1. 认识工作环境

机械拆装安全文明生产条例→机械拆装技术操作规程→CA6140型车床简介。

2. 识读CA6140型车床主轴装配图

3. 拆装CA6140型车床主轴（含轴承）

常用拆装工具→常见拆装方法：①螺纹连接装配。②键连接装配。③过盈配合连接的装配。④滚动轴承的拆装。⑤圆柱齿轮的装配→拆装CA6140型车床主轴。

4. 归纳技术难点、解决办法与注意事项

实施方案

（1）通过观看《大国重器》，了解我国制造业发展现状。
（2）拆装齿轮机构时，引入"司南车""记里鼓车"等古代发明案例，分析齿轮机构的应用。
（3）思考探索：利用齿轮机构是否可以实现自动化？

思政目标

树立学生责任感、使命感，以及为国奉献的精神，帮助学生领悟大国工匠的精神实质。通过讲解"记里鼓车"的原理，增强学生的民族自豪感与文化认同感，使之树立正确的人生观、世界观。

二维码素材

扫一扫 手机继续看

中国古代机械——指南车

中国宋代的"记里鼓车"

项目4　CA6140型普通车床主轴箱Ⅰ轴的装调

拓展阅读
CA6140 型车床
Ⅰ轴拆装工作页

工作任务	CA6140 型普通车床主轴箱Ⅰ轴的拆装
任务描述	本项目是对Ⅰ轴装配图进行识读，制定Ⅰ轴的拆装工艺路线，对Ⅰ轴进行拆装并测绘
任务要求	（1）Ⅰ轴装配图的识读； （2）以小组为单位，根据装配图制定拆装方案； （3）各小组讲述工艺方案设计思路及成果，并回答教师提问。教师着重讲解重点及难点，解决普遍存在的问题。各小组根据教师和其他人员提出的问题，改进和完善拆装工艺方案； （4）根据优化后的拆装方案对Ⅰ轴进行拆装； （5）能调整摩擦片间隙； （6）对Ⅰ轴进行测绘； （7）绘制Ⅰ轴的草图和零件图； （8）根据拆装结果写出实训报告

任务1　制动装置的装调工艺与检测

1.1　CA6140 型普通车床主轴箱Ⅰ轴

主轴箱是用于安装主轴、实现主轴旋转及变速的部件。图 4-1-1 所示为 CA6140 型卧式车床主轴箱的展开图，它是将传动轴沿轴心线剖开，按照传动的先后顺序将其展开而形成的。

在展开图中，通常主要表示各传动件（轴、齿轮、蜗杆等）的传动关系，各传动轴及主轴的结构、装配关系和尺寸,轴与箱体的连接,轴承支座结构等。主轴箱中Ⅰ轴上主要安装片式摩擦离合器,下面介绍主轴箱中摩擦离合器的调整方法。

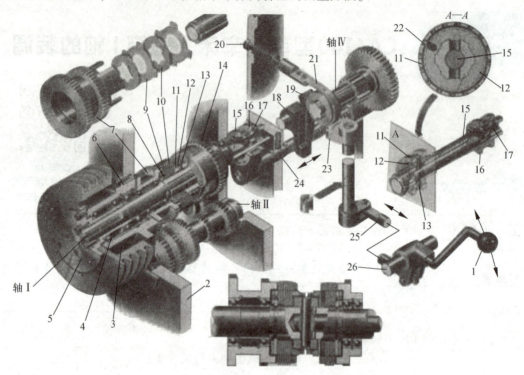

图4-1-1 CA6140卧式车床主轴箱展开图

1—手柄;2—主轴箱体;3—皮带轮;4—滚动轴承;5—花键套;6—支撑套;7—齿轮;8—止退片;9—外摩擦片;10—内摩擦片;11—螺母;12—滑套;13—销;14—齿轮;15—拉杆;16—滑环;17—摆杆;18—杠杆;19—制动轮;20—调节螺钉;21—制动带;22—定位销;23—扇形齿轮;24—齿条轴;25—连杆;26—操纵杠

摩擦离合器及操纵机构的结构可参看图4-1-1。它的作用是实现主轴启动、停止、换向及过载保护。

1. 机构特点

装在主轴箱内轴Ⅰ上的离合器具有左、右两组摩擦片,每一组由若干片内、外摩擦片交叠组成。当摩擦片相互压紧时,就可传递运动和扭矩。离合器的内摩擦片10与轴Ⅰ以花键孔相连接,随轴Ⅰ一起转动。外摩擦片9的内孔是光滑圆孔,空套在轴Ⅰ的花键外圆上;其外圆上有四个凸齿,卡在空套在轴Ⅰ上的齿轮7和14的四个缺口槽中,内、外片相间排叠。左离合器传动主轴正转,用于切削加工,传递扭矩大,因而片数多;右离合器片数少,传动主轴反转,主要用于退刀。

2. 动作过程

当操纵杠手柄1处于停车位置,滑套12处在中间位置,左、右两边摩擦片均未压紧时,主轴不转。当操纵杠手柄向上抬起,经操纵杠26及连杆25向前移动,扇形齿轮23顺时针转动,使齿条轴24右移,经拨叉带动滑环16右移,压迫轴Ⅰ上的摆杆17绕支点销摆动,下端则拨动拉杆15右移,再由拉杆上的销13带动滑套12和螺母11左移,从而将左边的内、外摩擦片压紧，则轴 I 的转动使通过内、外片摩擦力带动的空套齿轮 7 转动，使主轴实现正转。同理，若操纵杠手柄向下压时，滑环 16 左移，经摆杆 17 使拉杆 15 右移，便可压紧右边摩擦片，则轴 I 带动右边空套齿轮 14 转动，使主轴实现反转。

3. 调整方法

离合器摩擦片松开时的间隙要适当，当发生间隙过大或过小时，必须进行调整。调整的方法如图 4-1-2 中 A—A 剖面所示，将定位销 22 压入螺母 11 的缺口，然后转动左侧螺母 11，可调整左侧摩擦片间隙；转动右侧螺母，可调整右边摩擦片间隙。调整完毕，让定位销 22 自动掸出，重新卡住螺母缺口，以防止螺母在工作中松脱。

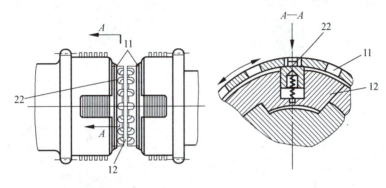

图 4-1-2 片式摩擦离合器的调整

4. 片式摩擦离合器的修理

片式摩擦离合器的零件磨损后，一般需换新件。但摩擦片变形或划伤时，可校平后磨削修复，修磨后厚度减小，可适当增加片数以保证调节余量。

1.2 制动装置

为了缩短辅助时间，使主轴能迅速停车，轴 Ⅳ 上装有钢带式制动器。其功用是在车床停车过程中，克服主轴箱内各运动件的旋转惯性，使主轴迅速停止转动，以缩短辅助时间。图 4-1-3 是 CA6140 车床上的闸带式制动器，它由制动轮 8、制动带 7 和杠杆 4 等组成。制动轮是一钢制圆盘，与轴 Ⅳ 用花键连接。制动带为一钢带，其内侧固定着一层铜丝石棉，以增加摩擦面的摩擦系数。制动带的一端通过调节螺钉 5 与主轴箱体 1 连接，另一端固定在杠杆 4 的上端。制动器的动作由操纵装置（图 4-1-4）操纵。当杠杆 4（见图 4-1-4）的下端与齿条轴 2（即图 4-1-4 中的齿条轴 13）上的圆弧凹部 a 或 c 接触时，主轴处于正转或反转状态，制动带被放松；移动齿条轴，当其上的凸起部分 b 对正杠杆 4 时，使杠杆 4 绕轴 3 摆动而拉紧制动带 7，此时，离合器处于松开状态，轴 Ⅳ 和主轴便迅速停止转动。

如要调整制动带的松紧程度，可将螺母 6 松开后旋转螺钉 5。在调整合适的情况下，当主轴旋转时，制动带能完全松开，而在离合器松开时，主轴能迅速停转。

CA6140 型车床的摩擦离合器和制动器的操纵机构如图 4-1-4 所示。

当向上扳动手柄 6 时，通过操纵杆、杠杆 5、轴 4 和杠杆 3，使轴 2 和扇形齿轮 1 顺时针转动,传动齿条轴 14 右移,使主轴正转。向下扳动手柄时,主轴便反转。手柄扳至中间位置时,传动链与传动源断开,这时齿条轴 14 上的凸起部分顶住杠杆 12,使制动器作用,主轴迅速停止。手柄 6 的扳动位置,可以改变杠杆 5 和操纵杆的相对位置来实现。

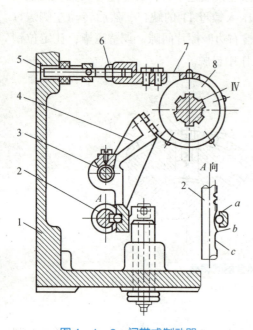

图 4-1-3 闸带式制动器

1—主轴箱体;2—齿条轴;3—轴;4—杠杆;
5—螺钉;6—螺母;7—制动带;8—制动轮

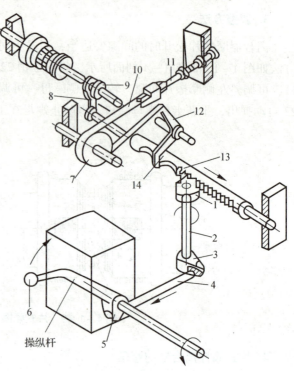

图 4-1-4 制动器的操纵机构

1—扇形齿轮;2—轴;3—杠杆;4—轴;5—杠杆;6—手柄;
7—制动轮;8—拨叉;9—滑套;10—制动带;11—螺栓;
12—杠杆;13—齿条;14—齿条轴

任务 2 销连接的装调工艺与检测

销连接结构简单、定位和连接可靠、装拆方便,在各种机械中应用很广。销钉有圆柱销、圆锥销和开口销三种,尺寸已标准化。

1. 圆柱销装配

圆柱销靠过盈固定在孔中。用以定位时,通常是将连接件的两孔同时钻、铰,然后在销钉上涂少量机油,用铜锤打入孔内。某些定位销不能用敲入法,可用 C 形夹头或压力机把销压入孔中。圆柱销不宜多次装拆,否则将降低定位精度和连接的可靠性。

2. 圆锥销装配

圆锥销具有 1∶50 的锥度,定位准确,可多次装拆而不降低定位精度,在横向力作用下能保证自锁。圆锥销以小端直径和长度代表其规格。装配时，被连接件的两孔也应同时钻、铰，但应注意控制孔径，一般以锥销长度的80%能自由插入孔中为宜。用铜锤打入后，锥销的大头可稍露出或平于被连接件表面。

3. 销连接的拆卸和修理

拆卸普通圆柱销和圆锥销时，可用手锤轻轻敲击（圆锥销从小头向外敲击）的方法。有螺尾的圆锥销可用螺母旋出，如图4-2-1所示。

拆卸带内螺纹的圆柱销和圆锥销时，可用与内螺纹相符的螺钉取出，如图4-2-2（a）所示。也可用拔销器拔出，如图4-2-2（b）所示。

销连接损坏或磨损时，一般是更换销。如果销孔损坏或磨损严重时，可重新钻铰尺寸较大的销孔，更换相适应的新销。

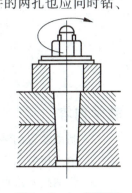

图4-2-1　螺尾圆锥销的拆卸

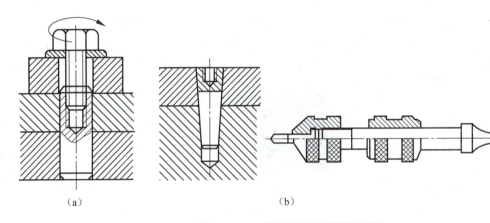

图4-2-2　带内螺纹圆锥销的拆卸
(a) 螺钉拆卸；(b) 拔销器拆卸

任务3　归纳技术难点、解决办法与注意事项

（1）拆卸前的准备工作。

（2）拆卸过程中，注意做好记录和标识。

（3）安装时，要按照在拆卸时所做的记录进行安装，并且要注意安装的顺序。

（4）拆卸下的零件及螺钉应放在专门的盒内，以免丢失。装配后，盒内的东西应全部用上，否则装配不完整。

拓展阅读
CA6140车床主轴箱解剖实验指导书

课程思政教学设计方案

教学内容
1. 制动装置的装调工艺与检测
2. 销连接装配工艺与检测
3. 归纳技术难点、解决办法与注意事项

实施方案
在讲授销连接的装调中，定位元件的应用充分体现了广大工程技术人员的智慧结晶。

思政目标
通过向广大工程技术人员学习，培养学生善于钻研、不畏困难的工匠精神。在工程案例中，培养学生精益求精的科学探索精神，提高学生的工程意识。

二维码素材

项目5　CA6140型普通车床尾座的拆装

拓展阅读
CA6140 型普通车床尾座拆装工作页

工作任务	CA6140 型普通车床尾座的拆装
任务描述	以项目小组为单位，根据给定的装配图，搜集资料，进行装配图识读，制定合理的尾座拆装方案，并采用修配装配法拆卸和安装尾座；在教师指导下进行间隙调整并检测几何精度
任务要求	（1）小组成员分工、协作，依据引导文及参考技术资料自主完成制定尾座拆装方案的任务； （2）在教师指导下完成拆装和调整； （3）注意安全文明拆装

任务1　认识工作环境

1. CA6140 型卧式车床尾座的作用

车床的尾座可沿导轨纵向移动调整其位置，其内有一根由手柄带动沿主轴轴线方向移动的心轴，在套筒的锥孔里插上顶尖，可以支承较长工件的一端。还可以换上钻头、铰刀等刀具实现孔的钻削和铰削加工。

2. CA6140 型卧式车床尾座的结构

图 5-1-1 是 CA6140 卧式车床的尾座装配图，它由多个零件组成，如尾座体、尾座垫板、紧固螺母、紧固螺栓、压板、尾座套筒、丝杠螺母、螺母压盖、手轮、丝杠、压紧块手柄、上压紧块、下压紧块、调整螺栓等。

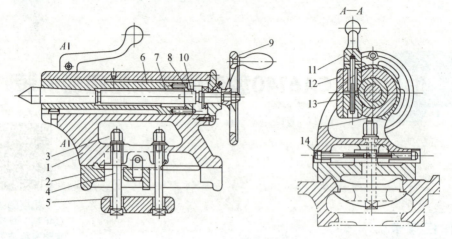

图 5-1-1 车床尾座装配图

1—尾座体；2—尾座垫板；3—紧固螺母；4—紧固螺栓；5—压板；6—尾座套筒；7—丝杠螺母；8—螺母压盖；
9—手轮；10—丝杆；11—压紧块手柄；12—上压紧块；13—下压紧块；14—调整螺栓

任务2　尾座的装拆工艺与检测

尾座零件拆卸完，待清洗干净后，按照与拆卸相反的顺序安装。

1. 调整尾座的安放位置

以床身上尾座导轨为基准，配刮尾座底板，使其达到精度要求，再将尾座部件装在床身上。

安装时，将试配过的丝杠装上，盖上压板并将螺钉孔和销孔加工完毕。套筒和尾座体要配合良好，以手能推入为宜。零件全部装好后，注入润滑油，运动部位的运动要感觉轻快自如。尾座套筒的前端有一对压紧块，它与套筒有一抛物线形接触面，若接触面积低于70%，要用涂色法并用锉刀或刮刀修整，使其接触面符合要求。接触表面的表面粗糙度值要尽量低些，防止研伤套筒。为了便于操作，压紧块手柄夹紧后的位置可参考图5-2-1。

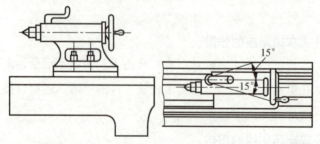

图 5-2-1　压紧块手柄的位置

2. 尾座部件的检测

尾座体与尾座垫板的接触要好，可先将尾座体的接触面在刮研平板上刮出，并以此为准，刮出尾座垫板。刮研尾座体底面时，要经常测量套筒孔中心线与底面的平行度误差。尾座本身和相对于主轴中心线的误差，可通过修刮垫板底部与床身的接触面来修正。

1) 套筒孔（即顶尖套）与床身（底面）导轨的平行度误差的检测

尾座的关键部件是套筒，虽然它的精度主要取决于机加工质量，但如果钳工装配不当，尾座的精度同样会被降低。尾座套筒经过加工，键槽和油槽两侧产生毛刺和翻边，这时可将套筒夹在台虎钳上用锉刀倒角（注意不要划伤套筒的外表面），倒角可稍大些。然后用手检查外圆表面，有无隆起或凹坑。套筒两端孔的端面也可用油石作倒角处理。将尾座固定在床身上，使套筒伸出躯体 100 mm（或最大伸出量的 1/2），并与躯体锁紧。移动大拖板，使拖板上的百分表触于套筒的上母线和侧母线上，表上反映的读数差，即套筒中心线与床身导轨的平行度误差，如图 5-2-2 所示。

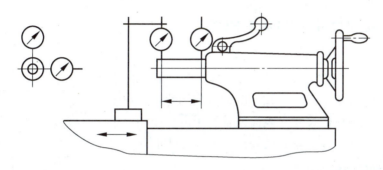

图 5-2-2 顶尖套筒轴线对床身导轨的平行度误差的测量

上母线允差：在 100 mm 长度内为 0.01 mm，只许套筒的前端向上偏；
侧母线允差：在 100 mm 长度内为 0.03 mm，只许套筒的前端向人操作的方向偏。

2) 尾座本身和相对于主轴中心线的误差检测

主轴锥孔中心线和尾座套筒锥孔中心线对床身导轨的等距度检查，见图 5-2-3。

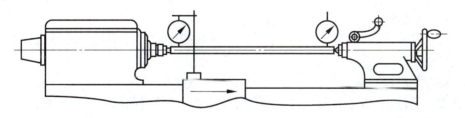

图 5-2-3 主轴锥孔轴线与顶尖套锥孔轴线对床身导轨的等距度测量

在车床主轴锥孔中插入一顶尖，并校正其与主轴轴线的同轴度。尾座套筒锥孔中同样插入一顶尖，二顶尖间顶一标准检验棒。移动大拖板，使拖板上百分表触于检验棒的上母线上，表上反映的读数差，即主轴锥孔中心线与尾座套筒锥孔中心线对床身导轨的等距度误差。为了消除顶尖套中顶尖本身误差对测量的影响，一次检验后将顶尖套中的顶尖退出，旋转 180°重新插入检验一次，误差值即两次测量结果的代数和之半。上母线允许差：0.06 mm（只许尾座高）。

任务3　装配尺寸链和修配装调法

5.3.1　装配精度

产品的装配过程不是简单地将有关零件连接起来的过程。每一步装配工作都应满足预定的装配要求，即应达到一定的装配精度。一般产品装配精度包括零件、部件间距离精度（如齿轮与箱壁轴向间隙）、相互位置精度（如平行度、垂直度等）、相对运动精度（如车床床鞍移动对主轴的平行度）、配合精度（间隙或过盈）及接触精度等。

5.3.2　装配尺寸链的基本概念

图 5-3-1 所示为轴和孔的配合关系，装配精度为轴和孔的配合精度：配合间隙为 A_0，$A_0 = A_1 - A_2$，A_0、A_1、A_2 组成最简单的装配尺寸链。由此可知，所谓装配尺寸链即在装配关系中，由相关零件的尺寸（表面或轴线距离）或相互位置关系（同轴度、平行度、垂直度等）所组成的尺寸链。

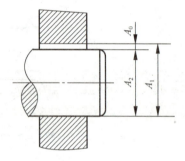

图 5-3-1　轴和孔的配合尺寸链

1. 装配尺寸链特征

装配尺寸链有两个特征：
(1) 各有关尺寸连接成封闭的外形；
(2) 构成这个封闭外形的每个尺寸的偏差都影响装配精度。

2. 分类

装配尺寸链还可按各环的几何特征和所处的空间位置分为：

1) 线性尺寸链

由长度尺寸组成，且各尺寸互相平行，所涉及的一般为距离尺寸的精度问题。如图 5-3-1所示。

2) 角度尺寸链

由角度、平行度、垂直度等尺寸所组成的尺寸链。所涉及的问题一般为相互位置的精度问题。例如检验项目 G13 横刀架横向移动对主轴轴线的垂直度，允差为 0.02/300 mm（偏差方向 α≥90°）。该项要求可简化为图 5-3-2 所示的角度尺寸链。其中 a_0 为封闭环，即为该项装配精度要求；a_1 为主轴回转轴线与床身前梭形导轨在水平面内的平行度；a_2 为溜板的上燕尾导轨对床身梭形导轨的垂直度，一般可通过刮研或磨削来达到其精度值。a_0、a_1、a_2 组成一个简单的角度装配尺寸链。

3) 平面尺寸链

平面尺寸链是由成角度关系布置的长度尺寸构成，且各环处于同一平面或彼此平行的平面内。平面尺寸链在装配过程中也能遇到。

图 5-3-3 表示溜板箱与大拖板的装配示意图。图中 P_7 表示大拖板中齿轮的分度圆半径，P_6 是它的轴心到结合面的距离，P_3 的含义分别与 P_6、P_5 相同。为了保证齿轮啮合有一定的间隙（在尺寸链中以 P_0 表示，可通过有关齿轮参数折算得到），因此在装配时需要将溜板箱沿其装配结合面相对于大拖板移动到适当位置，即改变溜板箱上的螺孔中心线与大拖板上的通孔中心线之间的偏移 P_4 的大小。然后用螺钉紧固（即调整装配法），再打定位销。这样，P_6、P_5、P_2、P_3、P_7、P_1、P_4、P_0 将组成平面尺寸链，P_0 为封闭环。

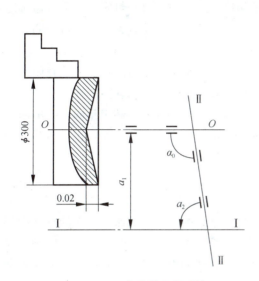

图 5-3-2 角度装配尺寸链

OO—主轴回转中心线； Ⅰ Ⅰ—梭形导轨的中心线； Ⅱ Ⅱ—下滑板移动轨迹

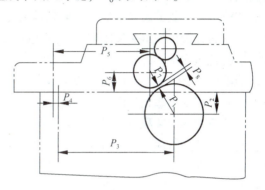

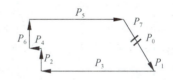

图 5-3-3 平面尺寸链示例

4）空间尺寸链

空间尺寸链由位于三维空间的尺寸构成，在一般机器装配中较为少见。本部分重点讨论直线尺寸链。

3. 装配尺寸链的组成和查找方法

1）装配尺寸链的环

构成尺寸链的每一个尺寸称为"环"，每个尺寸链至少应有 3 个环。

（1）封闭环。在零件加工或机器装配过程中，最后自然形成（间接获得）的尺寸，称为封闭环。一个尺寸链只有一个封闭环，如图 5-3-1 中的 A_0。装配尺寸链的封闭环就是装配所要保证的装配精度或技术要求。这是因为装配精度或技术要求是将零、部件装配后才最后形成的尺寸或位置关系，如图 5-3-2 中的 a_0。

（2）组成环。尺寸链中除封闭环以外的环称为组成环。同一尺寸链中的组成环，用同一字母表示，如图 5-3-1 中的 A_1、A_2。

（3）增环。在其他组成环不变的条件下，当某组成环增大时，封闭环随之增大，那么该组成环称为增环。在图 5-3-1 中，A_1 为增环，用符号 $\vec{A}_1$ 表示。

（4）减环。在其他组成环不变的条件下，当某组成环增大时，封闭环随之减小，那么该组成环称为减环。在图 5-3-1 中，A_2 为减环，用符号 $\overleftarrow{A}_2$ 表示。

增环和减环的判断方法：由尺寸链任一环的基准面出发，绕其轮廓转一周，回到这一基准面。按旋转方向给每个环标出箭头，箭头方向与封闭环上所标箭头方向相反的为增环；箭头方向与封闭环上所标箭头方向相同的为减环。

2）装配尺寸链组成的查找方法

正确地查明装配尺寸链的组成，是进行尺寸链计算的依据。因此在进行装配尺寸链计算时，其首要问题是查明装配尺寸链的组成。

如前所述，装配尺寸链的封闭环就是装配后的精度要求。对于每一封闭环，都可通过对装配关系的分析，找出对装配精度有直接影响的零、部件的尺寸和位置关系，即可查明装配尺寸链的各组成环。

装配尺寸链组成的一般查找方法是：首先根据装配精度要求确定封闭环，再取封闭环两端的那两个零件为起点，沿装配精度要求的位置方向，以装配基准面为联系的线索，分别查找装配关系中影响装配精度要求的相关零件，直至找到同一个基准零件甚至是同一基准面为止；装配尺寸链组成的查找方法，还可自封闭环一端开始，依次查至另一端；也可自共同的基准面或零件开始，分别查至封闭环的两端。不管哪一种方法，关键的问题在于整个尺寸链系统要正确封闭。

下面举例说明装配尺寸链组成的查找方法。

图 5-3-4 所示为车床主轴锥孔中心线和尾座顶尖锥孔中心线影响床身导轨的等高度的装配尺寸链的组成示例。在图示的高度方向上的装配关系，主轴方面为：主轴以其轴颈装在滚动轴承内环的内表面上，轴承内环通过滚子装在轴承外环的内滚道上，轴承外环装在主轴箱的主轴孔内，主轴箱装在车床床身的平导轨面上；尾座方面：尾座顶尖套筒以其外圆柱面装在尾座的导向孔内，尾座以其底面装在尾座底板上，尾座底板装在床身的导轨面上。通过同一个装配基准件——床身，将装配关系最后确定下来。因此，影响该项装配精度的因素有（其中，e_1，e_2，e_3，e 参见图 5-3-5）：

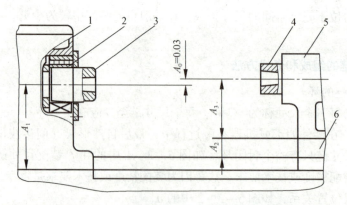

图 5-3-4 影响车床等高度的尺寸链联系简图
1—主轴箱体；2—滚动轴承；3—主轴；4—尾座套筒；5—尾座体；6—尾座底板

A_1——主轴锥孔中心线至车床平导轨的距离；

A_2——尾座底板厚度；

A_3——尾座顶尖套筒锥孔中心线至尾座底板距离；

e_1——主轴箱体孔轴心线与主轴前锥孔轴心线的同轴度；

e_2——尾座套筒锥孔与外圆的同轴度；

e_3——尾座套筒外圆与尾座孔内圆的同轴度；

e——床身上安装主轴箱的平导轨面和安装尾座的导轨面之间的等高度偏差。

车床主轴锥孔中心线和尾座顶尖套筒锥孔中心线对床身导轨的等高度的装配尺寸链组成如图5－3－5所示。

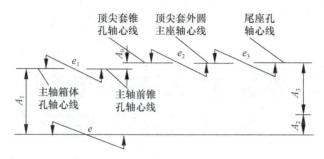

图5－3－5 车床等高性装配尺寸链

3）装配尺寸链的原则

在确定和查找装配尺寸链时，应注意以下原则：

（1）装配尺寸链的简化原则。机械产品的结构通常比较复杂，影响装配精度的因素很多。确定和查找装配尺寸链时，在保证装配精度的前提下，可不考虑那些影响较小的因素，以使装配尺寸链的组成环适当简化，以上称为装配尺寸链的简化原则。如图5－3－5，由于e_1、e_2、e_3、e数值相对A_3、A_2、A_1的误差较少，可简化。故上例的装配尺寸链的组成可简化为图5－3－6（b）。

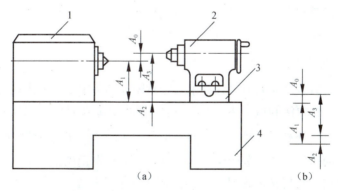

图5－3－6 卧式车床床头和尾座两顶尖的等高度要求示意图

1—主轴箱；2—尾座；3—底板；4—床身

（2）装配尺寸链组成的最短路线原则。由尺寸链的基本理论可知，封闭环的误差是由各组成环误差累积而得到的。在封闭环公差一定的情况下，即在装配精度要求一定的条件下，组成环数目越少，则各组成环的公差值就越小，零件的加工就越容易、经济。

为了达到这一要求，在产品结构既定的情况下组成装配尺寸链时，应使每一个有关零件仅以一个组成环来列入尺寸链，即将连接两个装配基准面间的位置尺寸直接标注在零件图上。这样，组成环的数目就等于有关零、部件的数目，即"一件一环"，这就是装配尺寸链的最短路线（环数最少）原则。

下面举例说明装配尺寸链组成的最短路线原则。

图 5-3-7 所示为车床尾座顶尖套筒的装配图。尾座套筒装配时，要求后盖 3 装入后，螺母 2 在尾座套筒 1 内的轴向窜动不大于某一数值。由于后盖的尺寸标注不同，可建立两个装配尺寸链，如图 5-3-7 (b)、(c) 所示。由图可知，图 (c) 比图 (b) 多了一个组成环。其原因是和封闭环 A_0 直接有关的凸台高度 A_3 由尺寸 B_1 和 B_2 间接获得，这是不合理的；而图 (b) 所示的装配尺寸链，体现了"一件一环"的原则，是合理的。

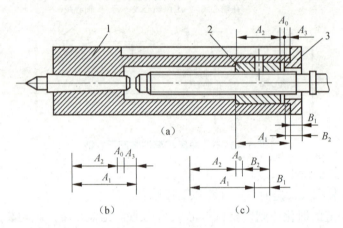

图 5-3-7 车床尾座顶尖套筒装配图
1—尾座套筒；2—螺母；3—后盖

通过以上实例可以看出，为使装配尺寸链的环数最少，应仔细分析各有关零件装配基准的连接情况，选取对装配精度有直接影响且把前后相邻零件联系起来的尺寸或位置关系作组成环，这样与装配精度有关的零件仅以一个组成环列入尺寸链，组成环的数目仅等于有关零件的数目，装配尺寸链组成环的数目也就会最少。

4. 装配尺寸链的计算

装配尺寸链建立后，即需要通过计算来确定封闭环和各组成环的内在关系。装配尺寸链的计算方法有两种：极值法和概率法。用极值法计算时，封闭环的极限尺寸是按组成环的极限尺寸来计算的，封闭环和组成环公差之间的关系为 $T_0 = \sum T_i$。显然，此时各零件具有完全的互换性，产品的性能得到充分的保证。这种方法的特点是简单、可靠。但是当封闭环精度要求较高，而组成环数目又较多时，则各组成环的公差值 T_i 必将取得很小，从而导致加工困难，制造成本增加。极值法常用于工艺尺寸链的解算中。概率法是应用概率论原理来进行尺寸链计算的一种方法，在上述情况下比极值法计算更合理。本节主要讨论概率法。

1）各环公差值的概率法计算

从装配尺寸链的基本概念中可知，在装配尺寸链中，各组成环是有关零件上的加工尺寸或位置关系，这些加工数值是一些彼此独立的随机变量。根据概率论的原理，各独立随机变量（装配尺寸链的组成环）的标准差 σ_i 与这些随机变量之和（装配尺寸链的封闭环）的标准差之间的关系为：

$$\sigma_0 = \sqrt{m \sum_{i=1}^{} \sigma_i^2} \tag{5-1}$$

式中，m——组成环的环数。

但由于在解算尺寸链时，是以误差量或公差量之间的关系来计算的，所以上述公式还需转化成所需要的形式。

当加工误差呈正态分布时，其误差量（尺寸分散带）ω 与标准差 σ 间的关系为：

$$\omega = 6\sigma$$

$$\sigma = \frac{1}{6\omega}$$

所以，当尺寸链各环呈正态分布时，各组成环的尺寸分散带 $\omega_i = 6\sigma_i$，封闭环的尺寸分散带 $\omega_0 = 6\sigma_0$；即 $\sigma_i = 1/6\omega_i$，$\sigma_0 = 1/6\omega_0$。将 σ_i 和 σ_0 代入式（5-1），可得：

$$\omega_0 = \sqrt{\sum_{i=1}^{m} \omega_i^2} \qquad (5-2)$$

在取各环的误差量 ω_i 及 ω_0 等于公差值 T_i 和 T_0 的条件下，式（5-2）可改写为

$$T_0 = \sqrt{\sum_{i=1}^{m} T_i^2} \qquad (5-3)$$

上式表明：当各组成环呈正态分布时，封闭环公差等于组成环公差平方和的平方根。当组成环非正态分布时，σ_i 和 ω_i 有下列关系：

$$\sigma_i = \frac{K_i}{6\omega_i} \qquad (5-4)$$

式中 K_i 称为相对分布系数，它表明各种分布曲线的不同性质。K_i 值见表 5-3-1。

表 5-3-1 典型的非正态分布曲线的 K 值和 e 值

分布特征	正态分布	三角分布	均匀分布	瑞利分布	偏态分布	
					外尺寸	内尺寸
分布曲线						
K	1	1.22	1.73	1.14	1.17	1.17
e	0	0	0	-0.28	0.26	-0.26

在装配尺寸链中，只要组成环数目足够多，不论各组成环呈何种分布，封闭环总趋于正态分布，因此，可得到封闭环公差概率解法的一般公式：

$$T_0 = \sqrt{\sum_{i=1}^{m} K_i^2 T_i^2} \qquad (5-5)$$

若组成环的公差带都相等，即 $T_i = T_{av}$，则可得各组成环平均公差 T_{av} 为

$$T_{av} = \frac{T_0}{\sqrt{m}} = \frac{\sqrt{m}}{m} T_0 \qquad (5-6)$$

将上式与极值法的 $T_{av} = T_0/m$ 相比，可明显看出，概率法可将组成环的平均公差扩大 $\sqrt{m}$ 倍，m 愈大，T_{av} 愈大。可见概率法适用于环数较多的尺寸链。

应当指出，用概率法计算之所以能扩大公差，是因为我们确定封闭环正态分布的尺寸分

散带为 $\omega_0 = 6\sigma_0$，而这时部件装配后在 $T_0 = 6\sigma_0$ 范围内的数量可占总数的 99.73%，只有 0.27% 的部件装配后不合格，这个不合格率常常可忽略不计，只有在必要时才通过调换个别组件或零件来解决废品问题。

2）各环平均尺寸 A_{av} 的计算

装配尺寸链计算的一个主要目的是在产品设计阶段，根据装配精度指标确定组成环公差，标注组成环基本尺寸及其偏差，然后将这些已确定的基本尺寸及基本偏差标注到零件图上。由尺寸链计算的基本公式可知，当各环公差确定以后，如能确定各环的平均尺寸 A_{av} 或平均偏差 ΔA，则各环的极限尺寸通过公差相对平均尺寸的对称分布即能很方便地求出。因此各环公差由概率法确定后，即应进一步确定各环的平均尺寸或平均偏差。

各环的平均尺寸和平均偏差与各环公差带的分布位置有关，而尺寸分布的集中位置是用算术平均值来表示的。因此在研究各环的平均尺寸或平均偏差之前，先研究各环算术平均值间的关系。

根据概率论原理，封闭环的算术平均值 $\overline{A}_0$ 等于各组成环算术平均值 $\overline{A}_i$ 的代数和。即

$$\overline{A}_0 = \sum_{i=1}^{K} \overline{A}_i - \sum_{i=k+1}^{m} \overline{A}_i \tag{5-7}$$

式中，K 为增环的环数。

当各组成环的分布曲线呈正态分布，且分布中心与公差带中心重合时（如图 5-3-8 所示），平均尺寸 A_{av}。

$$A_{av} = \sum_{i=1}^{K} \overline{A_{iav}} - \sum_{i=k+1}^{m} \overline{A_{iav}} \tag{5-8}$$

将上式各环减去其基本尺寸，即可得各环平均偏差 ΔA，其关系式为：

$$\Delta A_0 = \sum_{i=1}^{K} \Delta \overline{A_i} - \sum_{i=k+1}^{m} \Delta \overline{A_i} \tag{5-9}$$

以上两式和极值法的计算公式完全相同。

当组成环的尺寸分布属于不对称分布时，算术平均值 $\overline{A}$ 相对平均尺寸 A_{av} 有一偏移量 b，$b = \overline{A} - A_{av} = \alpha T/2$（见图 5-3-9），$\alpha$ 表示偏移程度，称作相对不对称系数。α 值参见表 5-3-1。

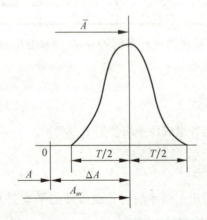

图 5-3-8 对称分布的尺寸计算关系

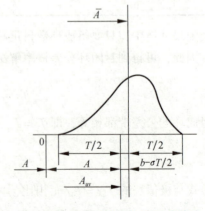

图 5-3-9 不对称分布的尺寸关系

不对称分布时，$\bar{A}$ 与 A_{av} 的关系式为：

$$\bar{A} = A_{av} + \alpha T/2 = A + \Delta A + \alpha T/2 \quad (5-10)$$

将式（5-10）代入式（5-7），并考虑在封闭环为正态分布时，$\alpha_0 = 0$，即得到各环平均尺寸的关系式：

$$A_{0av} = \sum_{i=1}^{K}(\bar{A}_{iav} + \frac{1}{2}\bar{\alpha}_i T_i) - \sum_{i=k+1}^{m}(\bar{A}_{iav} + \frac{1}{2}\bar{\alpha}_i T_i) \quad (5-11)$$

相应的平均偏差的关系式为：

$$\Delta A_0 = \sum_{i=1}^{K}(\Delta \bar{A}_i + \frac{1}{2}\bar{\alpha}_i T_i) - \sum_{i=k+1}^{m}(\Delta \bar{A}_i + \frac{1}{2}\bar{\alpha}_i T_i) \quad (5-12)$$

当按式（5-3）和式（5-12）分别求得 T_0 和 ΔA_0 以后，封闭环的上、下偏差可按下式计算：

$$ES A_0 = \Delta A_0 + \frac{T_0}{2}$$

$$EI A_0 = \Delta A_0 - \frac{T_0}{2}$$

例 5-1 用概率法求解图 3-1-11 所示尺寸链中封闭环的尺寸、公差及上、下偏差。设图中 $A_1 = 60^{+0.2}_{0}$ mm，$A_2 = 57^{0}_{-0.2}$ mm，$A_3 = 3^{0}_{-0.1}$ mm，各组成环均呈正态分布，且分布中心与公差带中心重合。

解：（1）封闭环基本尺寸

$$A_0 = A_1 - A_2 - A_3 = 60 - 57 - 3 = 0 (\text{mm})$$

（2）封闭环公差

$$T_0 = \sqrt{\sum_{i=1}^{m} T_i^2} = \sqrt{(0.2)^2 + (0.2)^2 + (0.1)^2} = 0.3 (\text{mm})$$

（3）封闭环平均偏差

$$\Delta A_0 = \Delta A_1 - (\Delta A_2 + \Delta A_3) = 0.1 - (-0.1 - 0.05) = 0.25 (\text{mm})$$

（4）封闭环上、下偏差

$$ES A_0 = \Delta A_0 + \frac{T_0}{2} = 0.25 + \frac{0.3}{2} = 0.4 (\text{mm})$$

（5）封闭环尺寸

$$A_0 = 0^{+0.40}_{+0.10} \text{ mm}$$

若用极值法求解上例封闭环尺寸，则会得到：封闭环公差 $T_0 = 0.5$ mm，封闭环尺寸 $A_0 = 0^{+0.5}_{+0}$ mm，如果上例要求 $T_0 < 0.5$ mm，采用极值法计算，则必须缩小组成环 A_1、A_2、A_3 的公差，才能达到要求。

5.3.3 修配装配法

机械产品的精度要求，最终是靠装配实现的。生产中常用的保证产品装配精度的方法有：互换法（包括完全互换法和不完全互换法）、分组装配法、修配装配法和调整装配法等，不同的零、部件采用的装配法不同，本部分内容主要介绍修配装配法。

修配装配法是将尺寸链中各组成环按经济加工精度制造，装配时，通过改变尺寸链中某一预定的组成环（修配环）尺寸的方法保证装配精度。由于对这一组成环的修配是为补偿其他各组成环的累积误差，故又称补偿环。这种方法的关键问题是确定修配环及修配环在加工时的实际尺寸，使修配时有足够的、而且是最小的修配量。

1. 选择补偿环和确定其尺寸及极限偏差

1）选择修配环

采用修配法装配时，应正确选择修配环，修配环一般应满足以下要求：

（1）便于装拆，易于修配。一般应选形状比较简单、修配面积比较小的零件。

（2）尽量不选公共环。公共环是指那些同属于几个尺寸链的组成环，它的变化会引起几个尺寸链中封闭环的变化。若选公共环为补偿环，则可能出现保证了一个尺寸链的精度，而又破坏了另一个尺寸链精度的情况。

2）补偿环尺寸的确定

补偿环被修配后对封闭环尺寸的影响有两种情况：一种是使封闭环尺寸变大；另一种是使封闭环尺寸变小。因此，用修配法解装配尺寸链时，应分别根据以上两种情况来进行计算。

图 5-3-10 为组成环公差按经济精度加工后，实际封闭环的公差带和设计要求封闭环的公差带之间的对应关系图。图中 T_0、$A_{0\max}$、$A_{0\min}$ 分别表示设计要求封闭环的公差、最大极限尺寸和最小极限尺寸；T_0'、$A_{0\max}'$、$A_{0\min}'$ 分别表示放大组成环公差后实际封闭环的公差、最大极限尺寸和最小极限尺寸；$F_{\max}$ 表示最大修配量。

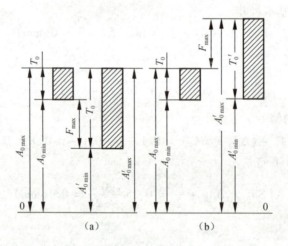

图 5-3-10　封闭环公差带要求值和实际公差带的相对关系

（a）越修越大时；（b）越修越小时

（1）修配补偿环，封闭环尺寸变大（简称"越修越大"）。如图 5-3-10（a）所示，此时为了有足够且最小的修配量，应使

$$A_{0\max}' = A_{0\max} \tag{5-13}$$

（2）修配补偿环，封闭环尺寸变小（简称"越修越小"）。如图 5-3-10（b）所示，此时为了有足够且最小的修配量，应使

$$A_{0\min}' = A_{0\min} \tag{5-14}$$

上述两种情况下的最大修配量 $F_{\max}$ 为：

$$F_{\max} = T'_0 - T_0 = \sum_{i=1}^{m} T'_i - T_0 \qquad (5-15)$$

2. 尺寸链的计算方法和步骤

例 5-2 图 5-3-7 所示为卧式车床床头和尾座两顶尖套筒装配图，等高度要求为 0~0.06 mm（只许尾座高）的结构示意图。已知 $A_1 = 202$ mm，$A_2 = 46$ mm，$A_3 = 156$ mm，现采用修配装配法，试确定各组成环公差及其分布。

解：（1）建立装配尺寸链，装配尺寸链如图 5-3-7 所示。实际生产中通常尾座和尾座底板的接触面配刮好，而将两者作为一个整体。以尾座底板的底面作定位基准，精锉尾座上的顶尖套孔，并控制该尺寸精度为 0.1 mm，这样尾座和尾座底板是成为配对件后进入总装的。因此原组成环 A_2 和 A_3 合并而成为 $A_{2,3}$，原四环尺寸链变成三环尺寸链，如图 5-3-11 所示。

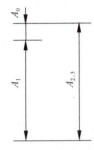

图 5-3-11 新的等高度尺寸链

（2）选择补偿环。按合并后的三环尺寸链，选择 $A_{2,3}$ 为补偿环。补偿环基本尺寸 $A_{2,3} = A_2 + A_3 = 46 + 156 = 202$（mm）

（3）确定各组成环公差。根据各组成环的加工方法，按经济精度确定各组成环公差为

$$T_1 = T_{2,3} = 0.1 \text{ mm}$$

（4）计算补偿环 $A_{2,3}$ 的最大补偿量

$$F_{\max} = \sum_{i=1}^{m} T'_i - T_0 = T_1 - T_{2,3} - T_0 = 0.1 + 0.1 - 0.06 = 0.14(\text{mm})$$

（5）确定各组成环（除补偿环外）的极限偏差。A_1 表示孔位置的尺寸，公差常选为对称分布，即

$$A_1 = 202 \pm 0.05 (\text{mm})$$

（6）计算补偿环 $A_{2,3}$ 的极限尺寸。由于修配补偿环 $A_{2,3}$ 会使封闭环尺寸变小，属于"越修越小"的情况，利用式（5-16）有

$$A_{0\min} = A_{2,3\min}$$

即

$$0 = A_{2,3\min} - 202.05 \text{ mm}$$

所以

$$A_{2,3\min} = 202.05 \text{ mm}$$

$$A_{2,3\max} = A_{2,3\min} + T_{2,3} = 202.05 + 0.1 = 202.15(\text{mm})$$

即

$$A_{2,3} = 202^{+0.15}_{+0.05} \text{ mm}$$

实际生产中，为提高接触精度，底板的底面与床身配合的导轨面还需配刮，而按式（5-16）计算的最小修刮量为零，无修刮量。故需将求得的 $A_{2,3}$ 尺寸放大一些，留以必要的修刮量。取最小刮研量为 0.15 mm，则合并加工后的尺寸为：

$$A_{2,3} = 202^{+0.15}_{+0.05} \text{ mm} + 0.15 \text{ mm} = 202^{+0.03}_{+0.20} \text{ mm}$$

3. 修配的方法

生产中通过修配来达到装配精度的方法很多，常见的有以下三种：

1) 单件修配法

单件修配法就是在多环尺寸链中,选定某一固定的零件作修配件(补偿环),装配时用去除金属层的方法改变其尺寸,以达到装配精度的要求。此法在生产中应用最广。

2) 合并加工修配法

合并加工修配法是将两个或更多个的零件合并在一起进行加工修配。合并后的零件作为一个组成环,从而减小组成环数,有利于减小修配量。

如例 5-2,若不将组成环 A_2、A_3 合并,而按四环尺寸链计算,则当最小刮研量取 0.15 mm 时,底板最大修刮量可达 0.44 mm(计算过程略)。而将组成环 A_2、A_3 合并成一个组成环 $A_{2,3}$ 后,仍取最小刮研量为 0.15 mm,则底板最大修刮量只有 0.29 mm,故减少了装配时的修刮劳动量。

合并加工法虽然有上述优点,但是由于要合并零件,对号入座,给加工、装配和生产组织工作带来不便,因此,这种方法多用于单件小批量生产中。

3) 自身加工修配法

在机床制造中,有一些装配精度要求,总装时用自己加工自己的方法去达到,这种方法称为自身加工修配法。如图 5-3-12 所示的转塔车床,在总装时,利用在车床主轴上安装的镗刀作切削运动,转塔作纵向进给运动,自身镗削转塔上的六个孔,更好地保证主轴轴线与转塔各孔轴线的等高度。

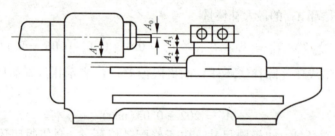

图 5-3-12 转塔车床的自身加工

修配装配法适用于成批生产中,封闭环公差要求较严,组成环较多的场合;或在单件小批量生产中,封闭环公差要求较严,组成环较少的场合。

任务4 归纳技术难点、解决办法与注意事项

(1) 拆卸前的准备工作。

(2) 拆卸过程中,注意做好记录和标识。

(3) 安装时,要按照在拆卸时所做的记录进行安装,并且要注意安装的顺序。

(4) 拆卸下的零件及螺钉应放在专门的盒内,以免丢失。装配后,盒内的东西应全部用上,否则装配不完整。

课程思政教学设计方案

教学内容

1. 认识工作环境
2. 尾座的拆装工艺与检测

调整尾座的安放位置→尾座部件的检测。

3. 装配尺寸链和修配装调法

装配精度→装配尺寸链的基本概念→修配装配法。

4. 归纳技术难点、解决办法与注意事项

实施方案

在部件精度检测时引入我国科学家及工程师为祖国工业努力付出的事例:《特别呈现》中国制造视频中刘一帆在鸡蛋壳上精细雕刻;中国北斗卫星制造严谨,在宇宙极限环境中每一颗元器件经受严苛考验。

思政目标

教导学生要有敬业、精益、严谨、专注、创新的工匠精神。需全面考虑各种因素,培养学生勇于探索的科学精神。

二维码素材

《特别呈现》超级工程Ⅲ中国制造

项目6　CA6140型普通车床中滑板的拆装

工作任务	CA6140型普通车床中滑板的拆装
任务描述	明确常用机械拆装方法；认识工作环境；以项目小组为单位，根据给定的装配图，搜集资料，进行装配图识读，制定合理的中滑板拆装方案，采用可动调整法拆卸、安装和调整中滑板，进行实训报告等文件的归档整理，并进行评价
任务要求	(1) 熟悉CA6140型普通车床中滑板的结构； (2) 识读CA6140型普通车床中滑板装配图； (3) 以小组为单位，根据装配图制定拆装方案； (4) 根据优化后的拆装方案对中滑板进行拆装； (5) 进行丝杆测绘； (6) 注意安全文明拆装

任务1　认识工作环境

1. 溜板的结构组成和作用

溜板用来安装刀架，并使之作纵向、横向或斜向的进给运动，其结构如图6-1-1所示。

1) 大拖板（大刀架、纵溜板）

溜板箱带动刀架沿床身导轨纵向移动，其上面有横向导轨，可沿床身的导轨作纵向直线运动。在纵溜板上有经过精确加工的燕尾形导轨，中溜板2即在此导轨面上移动。纵溜板的上下导轨方向要严格垂直。为了调整导轨磨损后的间隙，在导轨间安装有带斜度的镶条。拧松锁紧螺母9，然后稍拧紧调节螺钉10，即可适当减少溜板与床身导轨间的间隙，调整后要拧紧锁紧螺母9。

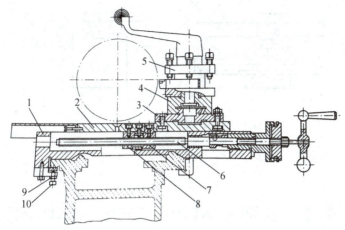

图6-1-1 溜板结构

1—大拖板；2—中溜板；3—刀架转盘；4—小溜板；5—方刀架；6—横向进给丝杠；7，8—螺母；9—锁紧螺母；10—调节螺钉

2）中溜板（横刀架、横溜板）

它可沿大拖板上的导轨横向移动，用于横向车削工件及控制切削深度。横溜板利用丝杠6传动，螺母7和8则安在横溜板下面。

3）刀架转盘

刀架转盘3与中溜板2相配合，中溜板2上部有圆形导轨，还有"T"形的环槽，槽内装有螺钉，把刀架转盘3与中溜板2固定在一起。松开螺钉，可以使安装在转盘上的小溜板4转动一定的角度，以便用小溜板实现刀具的斜向进给运动来加工锥度较大的短圆锥体（只能手动）。

4）小溜板（小拖板、小刀架）

它控制长度方向的微量切削，可沿转盘上面的导轨作短距离移动。将转盘偏转若干角度后，小刀架作斜向进给，可以车削圆锥体。

5）方刀架

它固定在小刀架上，可同时安装四把车刀，使用手柄可以使刀架体转位，把所需要的车刀转到工作位置上。方刀架5用螺杆装在小溜板4上，用来装夹刀具。

2. 中溜板的组成

中溜板由横滑板、丝杠、垫片、左右螺母、螺钉、镶条等部分组成。

3. 梯形丝杠的工作原理

如图6-1-2所示，丝杠是用来将旋转运动转化为直线运动，或将直线运动转化为旋转运动的执行元件，并具有传动效率高、定位准确等特点；当丝杠作为主动件时，螺母就会随丝杆的转动角度按照对应规格的导程转化成直线运动，被动工件可以通过螺母座和螺母连接，从而实现对应的直线运动。

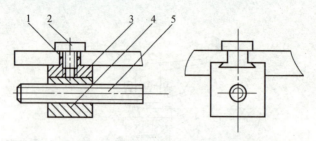

图6-1-2 梯形丝杠工作原理
1—横滑板；2—螺钉；3—锁紧块；4—螺母；5—丝杠

任务2 拆装CA6140型普通车床中滑板

1. 螺旋机构的装配技术要求

丝杠与螺母应有较高的配合精度，有准确的配合间隙；丝杠与螺母的同轴度及丝杠轴心线与基准面的平行度，应符合规定要求；丝杠与螺母相互转动应灵活；丝杠的回转精度应在规定范围内。

2. 螺旋机构的装配间隙

丝杠与螺母的配合间隙是保证其传动精度的主要原因，分径向间隙和轴向间隙两种。

1）径向间隙的测量

径向间隙直接反映丝杠螺母的配合精度，其测量方法如图6-2-1所示。将丝杠螺母置于如图6-2-1所示位置后，使百分表测头抵在螺母1上，用稍大于螺母重量Q力压下或抬起螺母，百分表指针的摆动差即为径向间隙值。

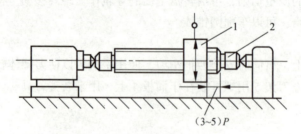

图6-2-1 丝杠与螺母径向间隙测量示意图
1—螺母；2—丝杠

2）轴向间隙的清除和调整

丝杠螺母的轴向间隙直接影响其传动的准确性。进给丝杠应有轴向间隙消除机构，简称消隙机构。

（1）单螺母消隙机构。丝杠螺母传动机构只有一个螺母时，常采用如图6-2-2所示的消隙机构，使螺母和丝杠始终保持单向接触。注意消隙机构的消隙力方向应和切削力方向一致,以防止进给时产生爬行,影响进给精度。

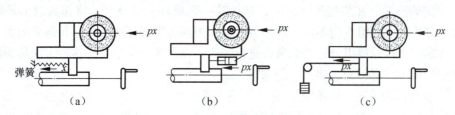

图6-2-2 单螺母消除间隙的基本方法

(2) 双螺母消隙机构

双向运动的丝杠螺母应用两个螺母来消除双向轴向间隙,其结构如图6-2-3所示。

图6-2-3(a)是利用楔块消除间隙的机构。调整时,松开螺钉3,再拧动螺钉1使楔块2向上移动,以推动带斜面的螺母右移,从而消除轴向间隙。调好后用螺钉3锁紧(C620-1机床横向进给机构就是这样消除间隙的)。

图6-2-3(b)是利用弹簧消除间隙的机构。调整时,转动调节螺母4,通过垫圈3及压缩弹簧2,使螺母5轴向移动,以消除轴向间隙。

图6-2-3(c)是利用垫片厚度来消除轴向间隙的机构。丝杠螺母磨损后,通过修磨垫片2来消除轴向间隙。

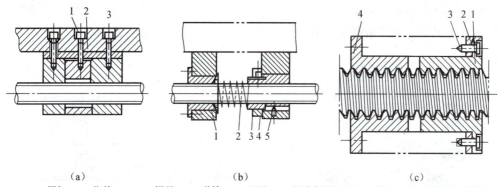

1,3—螺钉;2—楔块　1,5—螺母;2—弹簧;3—垫圈;4—调节螺母　1,4—螺母;2—垫片;3—螺钉

图6-2-3 双螺母消隙机构示意图
(a) 楔块消隙;(b) 弹簧消隙;(c) 垫片消隙

3. CA6140型普通车床中溜板拆装方法

本任务采用调整装配法完成。调整装配法即各零件公差可按经济精度的原则来确定,并且仍选择一个组成环为补偿环(又称调整环),但两者在改变补偿环尺寸的方法上有所不同。调整法采用改变补偿环零件的位置或对补偿环的更换(改变调整环的尺寸)来补偿其累积误差,以保证装配精度。

常见的调整方法有可动调整法、固定调整法和误差抵消调整法三种。

(1) 可动调整法。采用改变调整零件的位置来保证装配精度的方法称为可动调整法。常用的调整件有螺栓、斜面件、挡环等。在调整过程中不需拆卸零件,应用方便,能获得比较高的精度。同时,在产品使用过程中,由于某些零件的磨损而使装配精度下降时,应用此法有时还能使产品恢复原来的精度。因此，可动调整法在实际生产中应用较广。

（2）**固定调整法**。在装配尺寸链中，选择某一组成环为调节环，将作为调节环的零件按一定尺寸等级制成一组专门零件。产品装配时，根据各组成环所形成累积误差的大小，在调节环中选定一个尺寸等级合适的调节件进行装配，以保证装配精度。这种方法称为固定调整法。常用的调节件有轴套、垫片、垫圈等。

（3）**误差抵消调整法**。在装配中通过调整零件的相对位置，使加工误差相互抵消，达到或提高装配精度的要求。例如车床主轴装配中调整前后轴承的径跳方向来控制主轴的径向跳动，这种方法适用于小批生产中应用。

具体拆装方法：

（1）拆镶条。调整螺丝，抽出镶条，法兰盘四个螺丝，摇出丝杠，取出手柄锥销，松开两个背帽，拆出刻度盘，拆出被动轮，取出半圆键，取出螺母副。

（2）清洗和修复各零件，按拆卸相反的顺序装配好各个零件。

（3）配镶条。配镶条的目的是使刀架横向进给时有准确间隙，并能在使用过程中，不断调整间隙，保证足够的寿命。镶条按导轨和下滑座配刮，使刀架下滑座在燕尾导轨全长上移动时，无轻重或松紧不均匀的现象，并保证大端有 10～15 mm 调整余量。燕尾导轨与刀架下滑座配合表面之间用 0.03 mm 塞尺检查，插入深度不大于 20 mm（见图 6-2-4）。

（4）横向进给丝杠与螺母间隙调整方法。

溜板松则溜板和导轨间隙大，加工的精度差；溜板紧则溜板和导轨间隙小，动作（手动、机动）不灵活，加工精度好。横向丝杠螺母的间隙调整见图 6-2-5。

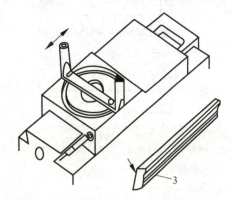

图 6-2-4　燕尾导轨的镶条

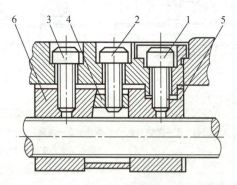

图 6-2-5　横向进给丝杠与螺母间隙调整机构
1，2，3—螺钉；4—楔块；5，6—螺母

中溜板是利用楔铁调整间隙的。调整时，先将前螺母的紧固螺钉 3 拧松，然后将中间的调整螺钉 2 拧紧，螺钉 2 下部把楔铁 4 向上拉，将螺母 5 和 6 向两边挤开，因而消除了间隙。调整后，将螺钉 3 仍然拧紧。这时，手柄应摇动方便，使间隙约为 1/20 转。

操作者和维修工要经常调节楔铁的松紧程度，前后端各有一个螺丝调松紧度。溜板间隙过大时，调紧些，先松开后端螺丝，然后调前端螺丝，调至合适位置；溜板间隙过小时，调松些，先松开前端螺丝，然后调后端螺丝，调至合适位置。

4. 拆装时注意事项

（1）看懂结构再动手拆，并按先外后里，先易后难，先下后上的顺序拆卸。

（2）拆前看清组合件的方向、位置排列等，以免装配时搞错。

（3）拆卸零件时，不准用铁锤猛砸，当拆不下或装不上时不要硬来，分析原因（看图）搞清楚后再拆装。

（4）在扳动手柄观察传动时，不要将手伸入传动件中，防止挤伤。

（5）中溜板间隙调整楔铁松紧度要求松紧前后螺丝，根据切削负荷调整。

（6）刀架和小拖板亦要调整到规定位置，不能将小拖板摇出底拖外过长。

（7）中溜板螺丝和螺母为螺距 5 mm 的"T"形螺母配合。使用时要排除前后间隙，切削振动或精度达不到要求与其有直接关系。

（8）中溜板刻度盘内有一滚珠和弹簧片，外有一调整和固定用的 M6 滚花螺丝，刻度变化或不准，首先要检查它。

5. 螺旋传动机构的修理

螺旋机构经过长期使用，丝杠与螺母之间会出现磨损。常见的损坏现象有丝杠螺纹磨损、轴颈磨损或弯曲及螺母磨损等。其修理方法如下：

1）丝杠螺纹磨损后的修理

梯形螺纹丝杠的磨损不超过齿厚的 10% 时，通常用车深螺纹的方法来消除。当螺纹车深后，外径也需相应车小，使螺纹达到标准深度。经常加工短工件的机床，由于丝杠的工作部位经常集中于某一段（如普通车床丝杠磨损靠近车头部位），因此这部分丝杠磨损较大。为了修复其精度，可采用丝杠调头使用的方法，让没有磨损或磨损不多的部分，换到经常工作的部位。但是，丝杠两端的轴颈大都不一样，因此调头使用时还需要做一些机械加工。

对于磨损过大的精密丝杠，常采用更换的方法。矩形螺纹丝杠磨损后，一般不能修理，只能更换新的。

2）丝杠轴颈磨损后的修理

丝杠轴颈磨损后的修理方法与其他轴颈修复的方法相同，但在车削轴颈时，应与车削螺纹同时进行，以便保持这两部分轴的同轴度。磨损的衬套应该更换，如果没有衬套，应该将支承孔镗大，压装上一个衬套，并用螺钉定位。这样，在下次修理时，只换衬套，即可修复。

3）螺母磨损后的修理

螺母的磨损通常比丝杠迅速，因此常需要更换。为了节约青铜，常将壳体做成铸铁的，在壳体孔内压装上铜螺母，以在修理中易于更换。

4）配刮横向燕尾导轨

（1）将床鞍放在床身导轨上，可减少刮削时的床鞍变形。以刀架中滑板的表面 2 和 3 为基准，配刮床鞍横向燕尾导轨表面 5 和 6，如图 6-2-6 所示。推研时手握工艺心棒，以保证安全。表面 5 和 6 刮后应满足对横丝杠 A 孔轴线的平行度要求，其误差在全长上不大于 0.02 mm。测量方法如图 6-2-6 所示，在 A 孔中插入检验心轴，百分表吸附在角度平尺上，分别在心轴上母线及侧母线上测量其平行度误差。

（2）修刮燕尾导轨面 7，保证其与平面 6 的平行度，以保证刀架横向移动顺利。可用角度平尺或中滑板为研具刮研。用图 6-2-7 所示方法检查：将测量圆柱放在燕尾导轨两端，用千分尺分别在两端测量，两次测得的读数差就是平行度误差，在全长上不大于 0.02 mm。

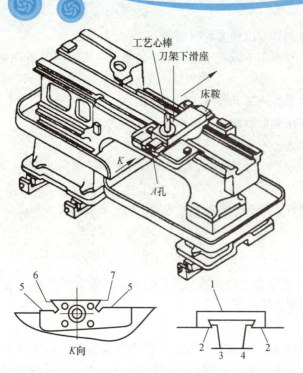

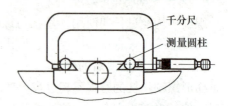

图 6-2-6　测量床鞍上导轨面对横丝杠孔的平行度

图 6-2-7　测量燕尾导轨的平行度

任务 3　掌握丝杠的拆装技术(含滚珠丝杠)

1. 数控车床 X、Z 进给轴系统拆装目的

（1）了解常用数控机床进给系统组成；

（2）掌握进给系统的结构原理及各零配件的功能、原理；

（3）能够顺利阅读数控机床制造商提供的相关图纸资料、FANUC 0i-MC 或 SIEMENS 802C 数控系统说明书、数控机床维修说明书的技术资料；

（4）能够按顺序正确拆装 X、Z 轴进给系统；

（5）能够针对出现的数控机床各进给轴系统的机械故障进行分析判断并进行维修；

（6）能够根据数控机床系统报警或故障现象，对 FANUC 0i-MC 或 SIEMENS 802C 进给驱动系统进行故障诊断与维修。

2. 拆装 X、Z 进给轴系统

1）分析装配图

图 6-3-1 所示为纵拖板及台面的装配图，根据装配图给出的相关信息，完成数控机床的 X、Z 轴进给系统的拆装。

2）确定 X、Z 轴主要拆装部件（如图 6-3-2 所示）

X 轴：通过分析，确定 X 轴进给系统主要拆装部件为伺服电动机、联轴器、滚珠丝杠、丝杠轴承、中拖板、行程开关。

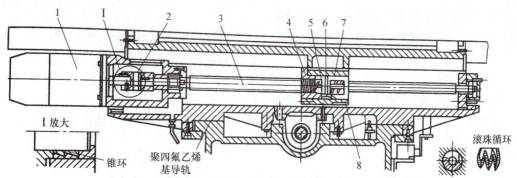

图6-3-1　纵拖板及台面的装配图

1—直流伺服电动机；2—滑块联轴器；3—滚珠丝杠；4—左螺母；5—键；6—半圆垫片；7—右螺母；8—螺母座

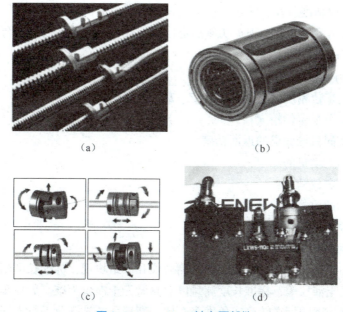

图6-3-2　X、Z轴主要部件

(a) 滚珠丝杠；(b) 滚珠丝杠轴承；(c) 联轴器；(d) 行程开关

Z轴：通过分析，确定Z轴进给系统主要拆装部件为伺服电动机、联轴器、滚珠丝杠、丝杠轴承、工作台、行程开关。

3）确定拆卸顺序

(1) 关闭液压系统，拆下X、Z轴伺服电动机；

(2) 拆掉左右导轨防护；

(3) 用专用扳手松开丝杠轴承螺母；

(4) 旋转丝杠，顶出上、下向心推力组合轴承；

(5) 拆除丝杠螺母法兰的固定螺栓，从上方旋出螺母；

(6) 将轴承座拆除，取出丝杠副；

(7) 调整丝杠与螺母的间隙。

4）确定装配顺序

（1）装配顺序基本上是拆卸顺序的倒序；

（2）旋上固定丝杠螺母法兰的固定螺栓，逐步将螺栓旋紧，暂不装导轨防护；

（3）用专用扳手和弹簧秤旋紧两端螺母，该螺母旋紧、松开要反复几次；

（4）旋转丝杠，顶出上、下向心推力组合轴承；

（5）检查电动机与丝杠联轴器的键槽和爪槽，其配合不得松动；

（6）装配时，严格保证滚珠丝杠与直线轴承导轨之间的平行，且运动灵活。

任务 4　重复定位精度的检测与调整

数控机床的定位精度有其特殊意义，它是表明所测量的机床各运动部件在数控装置控制下运动所能达到的精度。因此，根据实测的定位精度数值，可以判断出这台机床以后自动加工中能达到的最好的工件加工精度。

定位精度主要检查内容有：

（1）直线运动定位精度（包括 X、r、Z、U、y、IV 轴）；

（2）直线运动重复定位精度；

（3）直线运动同机械原点的返回精度；

（4）直线运动失动量的测定；

（5）回转运动定位精度；

（6）回转运动的重复定位精度；

（7）回转轴原点的返回精度；

（8）回转运动矢动量测定。

测量直线运动的检测工具有：数控机床测微仪和成组块规，标准长度刻线尺和光学读数显微镜及双频激光干涉仪等，标准长度测量以双频激光干涉仪为准。数控车床回转运动检测工具有 360 齿精确分度的标准转台或角度多面体、高精度圆光栅及平行光管等。

1. 直线运动定位精度检测

直线运动定位精度一般都在机床和工作台空载条件下进行。

按国家标准和国际标准化组织的规定（ISO 标准），对数控机床的检测，应以激光测量为准。但在目前国内激光测量仪较少的情况下，大部分数控机床生产厂的出厂检测及用户验收检测还是采用标准尺进行比较测量。这种检测方法的检测精度与检测技巧有关，较好的情况下可控制到（0.004～0.005）/1 000；而用激光测量，测量精度可较标准尺检测方法提高一位。

此外，现有定位精度都以快速定位测定，这也是不全面的。在一些进给传动链刚度不太好的数控机床上，采用各种进给速度定位时会得到不同的定位精度曲线和不同的反向死区（间隙）。因此，对一些质量不高的数控机床，即使有很好的出厂定位精度检查数据，也不一定能成批加工出高加工精度的零件。

2. 直线运动重复定位精度的检测

检测用的仪器与检测定位精度所用的相同。一般检测方法是在靠近各坐标行程中点及两端的任意三个位置进行测量，每个位置用快速移动定位，在相同条件下重复作 7 次定位，数控机床测出停止位置数值并求出读数最大差值。以三个位置中最大一个差值的二分之一，附上正负符号，数控车床作为该坐标的重复定位精度。

它是反映轴运动精度稳定性的最基本的指标。

3. 直线运动的原点返回精度

原点返回精度，实质上是该坐标轴上一个特殊点的重复定位精度，因此它的测定方法完全与定位精度相同。

4. 直线运动失动量的测定

失动量的测定方法是在所测量坐标轴的行程内，数控机床预先向正向或反向移动一个距离并以此停止位置为基准，再在同一方向给予一定移动指令值，使之移动一段距离，然后再往相反方向移动相同的距离，测量停止位置与基准位置之差。在靠近行程的中点及两端的三个位置分别进行多次测定（一般为 7 次），求出各个位置上的平均值，以所得平均值中的最大值为失动量测量值。

坐标轴的失动量是该坐标轴进给传动链上驱动部件（如伺服电动机、伺服液压马达和步进电动机等）的反向死区、各机械运动传动副的反向间隙和弹性变形等误差的综合反映。数控机床此误差越大，则定位精度和重复定位精度也越差。

5. 回转工作台的定位精度

以工作台某一角度为基准，然后向同一方向快速转动工作台，每隔 30′ 锁紧定位，选用标准转台、角度多面体、圆光栅及平行光管等测量工具进行测量，正向转动和反向转动各测量一周。各定位位置的实际转角与理论值（指令值）之差的最大值即为分度误差。如工作台为数控回转工作台，则应以每 30′ 为一个目标位置，再对每个目标位置正、反转进行快速定位五次。

6. 回转工作台的重复分度精度

测量方法是在回转工作台的一周内任选三个位置正、反转重复定位三次，实测值与理论值之差的最大值为重复分度精度。对数控回转工作台，以每 30′ 取一个测量点作为目标位置正、反转进行 5 次快速定位。

7. 数控回转工作台的失动量

数控回转工作台的失动量，又称数控回转工作台的反向差，测量方法与回转工作台的定位精度测量方法一样。

8. 回转工作台的回原点精度

回转工作台回原点的作用同直线运动回原点的作用一样。回原点时，从 7 个任意位置分别进行一次回原点操作，测定其停止位置的数值，以测定值与理论值的最大差值为回原点精度。

任务5　导轨主要机械精度的检测与修复技术

1. 床身导轨的直线度和平行度检测

1）纵向导轨调平后，床身导轨在垂直平面内的直线度

检验工具：精密水平仪。

检验方法：如图6-5-1所示，水平仪沿 Z 轴方向放在溜板上，沿导轨全长等距离地在各位置上检验，记录水平仪的读数，计算出床身导轨在垂直平面内的直线度误差。

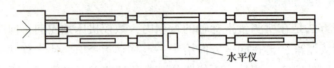

图6-5-1　床身导轨的直线度测量

2）横向导轨调平后，床身导轨的平行度

检验工具：精密水平仪。

检验方法：如图所示，水平仪沿 X 轴方向放在溜板上，在导轨上移动溜板，记录水平仪读数，其读数的最大值即为床身导轨的平行度误差。

2. 导轨的修复

机床导轨的修复一般采用刮削和焊补。

当导轨的刮削余量较大时（磨损大于0.3 mm以上），应该先采用机械加工方法，如精刨、磨削等，既可以去掉一层冷作硬化的表面，还可以减少刮削量和避免刮削后产生变形。

如果刮削前导轨局部磨损相当严重，应先修复好，加工到刮削范围内，然后通过刮研将导轨加工至符合要求。刮研的顺序是先刮和其他部件有关联的导轨，较长和面积较大的导轨和形状复杂的导轨，后刮与上述相反的导轨。当两件配刮时，应先刮大部件导轨，刚度好的部件导轨和较长部件导轨。

任务6　归纳技术难点、解决办法与注意事项

（1）拆卸前的准备工作。

（2）拆卸过程中，注意做好记录和标识。

（3）安装时，要按照在拆卸时所做的记录进行安装，并且要注意安装的顺序。

（4）拆卸下的零件及螺钉应放在专门的盒内，以免丢失。装配后，盒内的东西应全部用上，否则装配不完整。

课程思政教学设计方案

教学内容

1. 认识工作环境
2. 拆装 CA6140 型普通车床中滑板
3. 掌握丝杠的拆装技术（含滚珠丝杠）
4. 重复定位精度的检测与调整
5. 导轨主要机械精度的检测与修复技术
6. 归纳技术难点、解决办法与注意事项

实施方案

在论述重复定位精度的检测与调整时，引入视频《超级装备》第三集——智能装备，述及人类能达到的加工精度越来越高，特种加工和精密加工领域我国一直步人后尘，但是我们不甘落后，正在各个方面实现赶超。

思政目标

培养学生辩证分析问题的能力。通过剖析我国在制造领域产生差距的深层次原因，激发学生奋发图强的意志品格。培养学生以爱国主义为核心的民族精神。

二维码素材

《超级装备》第三集——智能装备

项目7 装调数控机床典型部件

工作任务	装调数控机床典型部件
任务描述	明确常用机械拆装方法；认识工作环境；能够认识并正确使用常用拆装工具；搜集资料，进行装配图识读，制定合理的拆装方案，能进行检测。
任务要求	（1）熟悉数控机床结构和自动换刀装置； （2）识读数控机床装配图； （3）认识常用拆装工具，明确常用机械拆装方法； （4）以小组为单位，制定拆装方案； （5）根据优化后的拆装方案对机床典型部件进行拆装； （6）进行精度检测； （7）注意安全文明拆装

任务1　自动换刀装置的装调与检测

1.1　概述

1. ATC 刀具自动交换

微课
电动刀架

为进一步提高数控机床的加工效率，数控机床正向着工件在一台机床一次装夹即可完成多道工序或全部工序的加工的方向发展，因此出现了各种类型的加工中心机床，如车削中心、镗铣加工中心、钻削中心等。这类多工序加工的数控机床在加工过程中要使用多种刀具，因此必须有自动换刀装置，以便选用不同刀具，完成不同工序的加工。自动换刀装置应当具备换刀时间短、刀具重复定位精度高、足够的刀具储备量、占地面积小、安全可靠等特性。

各类数控机床的自动换刀装置的结构取决于机床的类型、工艺范围、使用刀具的种类和数量。数控机床常用的自动换刀装置的类型、特点、适用范围见表 7-1-1。

表7-1-1 自动换刀装置类型

类别型式		特 点	举 例
转塔式	回转刀架	多为顺序换刀，换刀时间短，结构简单紧凑，容纳刀具较少	各种数控车床，数控车削加工中心
	转塔头	顺序换刀，换刀时间短，刀具主轴都集中在转塔头上，结构紧凑。但刚性较差，刀具主轴数受限制	数控钻、镗、铣床
刀库式	刀具与主轴之间直接换刀	换刀运动集中，运动部件少，但刀库容量受限	各种类型的自动换刀数控机床。尤其是使用回转类刀具的数控镗、铣床类立式、卧式加工中心机床
	用机械手配合刀库进行换刀	刀库只有选刀运动，机械手进行换刀运动，刀库容量大	要根据工艺范围和机床特点，确定刀库容量和自动换刀装置类型

2. 刀具的选择

按数控装置的刀具选择指令，从刀库中将所需要的刀具转换到取刀位置，称为自动选刀。在刀库中，选择刀具通常采用以下两种方式。

1）顺序选择刀具

刀具按预定工序的先后顺序插入刀库的刀座中，使用时按顺序转到取刀位置。用过的刀具放回原来的刀座内，也可以按加工顺序放入下一个刀座内。该法不需要刀具识别装置，驱动控制也较简单，工作可靠。但刀库中每一把刀具在不同的工序中不能重复使用，为了满足加工需要，只有增加刀具的数量和刀库的容量，这就降低了刀具和刀库的利用率。此外，装刀时必须十分谨慎，如果刀具不按顺序装在刀库中，将会产生严重的后果。

2）任意选择刀具

这种方法根据程序指令的要求任意选择所需要的刀具，刀具在刀库中不必按照工件的加工顺序排列，可以任意存放。每把刀具（或刀座）都编上代码，自动换刀时，刀库旋转，每把刀具（或刀座）都经过"刀具识别装置"接受识别。当某把刀具的代码与数控指令的代码相符合时，该把刀具被选中，刀库将刀具送到换刀位置，等待机械手来抓取。任意选择刀具法的优点是刀库中刀具的排列顺序与工件加工顺序无关，相同的刀具可重复使用。因此，刀具数量比顺序选择法的刀具可少一些，刀库也相应的小一些。

任意选择法主要有三种编码方式：

（1）刀具编码方式。这种方式是对每把刀具进行编码，由于每把刀具都有自己的代码，因此，可以存放于刀库的任一刀座中。这样刀库中的刀具在不同的工序中也就可重复使用，用过的刀具也不一定放回原刀座中，避免了因刀具存放在刀库中的顺序差错而造成的事故，同时也缩短了刀库的运转时间，简化了自动换刀控制线路。

刀具编码的具体结构如图7-1-1所示。在刀柄1后端的拉杆4上套装着等间隔的编码环2，由锁紧螺母3固定。编码环既可以是整体的，也可由圆环组装而成。编码环直径有大小两种，大直径的为二进制的"1"，小直径的为"0"。通过这两种圆环的不同排列，可以得到一系列代

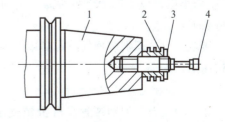

图7-1-1 刀具编码方式
1—刀柄；2—编码环；3—锁紧螺母；4—拉杆

码。例如由六个大小直径的圆环便可组成能区别63种刀具。通常全部为0的代码不许使用，以免与刀座中没有刀具的状况相混淆。为了便于操作者的记忆和识别，也可采用二－八进制编码来表示。

(2) 刀座编码方式。这种编码方式对每个刀座都进行编码，刀具也编号，并将刀具放到与其号码相符的刀座中，换刀时刀库旋转，使各个刀座依次经过识刀器，直至找到规定的刀座，刀库便停止旋转。由于这种编码方式取消了刀柄中的编码环，使刀柄结构大为简化。因此，识刀器的结构不受刀柄尺寸的限制，而且可以放在较适当的位置。另外，在自动换刀过程中必须将用过的刀具放回原来的刀座中，增加了换刀动作。与顺序选择刀具的方式相比，刀座编码的突出优点是刀具在加工过程中可重复使用。

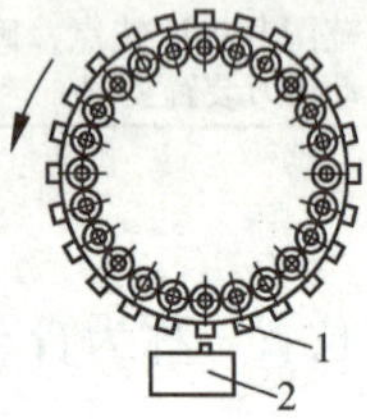

如图7－1－2所示为圆盘形刀库的刀座编码装置。在圆盘的圆周上均布若干个刀座，其外侧边缘上装有相应的刀座识别装置2。刀座编码的识别原理与上述刀具编码的识别原理完全相同。

图7－1－2 刀座编码方式

(3) 编码附件方式　编码附件方式可分为编码钥匙、编码卡片、编码杆和编码盘等，其中应用最多的是编码钥匙。这种方式是先给各刀具都绑上一把表示该刀具号的编码钥匙，当把各刀具存放到刀库的刀座中时，将编码钥匙插进刀座旁边的钥匙孔中，这样就把钥匙的号码转记到刀座中，给刀座编上了号码。识别装置可以通过识别钥匙上的号码来选取该钥匙旁边刀座中的刀具。

3. 识别装置

刀具（刀座）识别装置是自动换刀系统中重要组成部分，常用的有下列几种。

1）接触式刀具识别装置

接触式刀具识别装置应用较广，特别适用于空间位置较小的刀具编码，其识别原理如图7－1－3所示。在刀柄1上装有两种直径不同的编码环，规定大直径的环为二进制的"1"，小直径的环为"0"，图中有5个编码环4，在刀库附近固定一刀具识别装置2，从中伸出几个触针3，触针数量与刀柄上编码环的个数相等。每个触针与一个继电器相连，当编码环是大直径时与触针接通，继电器通电，其数码为"1"；当编码环是小直径时与触针不接通，继电器不通电，其数码为"0"。各继电器读出的数码与所需刀具的编码一致时，由控制装置发出信号，使刀库停转，等待换刀。

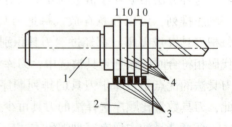

图7－1－3　接触式刀具识别装置
1—刀柄；2—识别装置；3—触针；4—编码环

接触式刀具识别装置的结构简单，但由于触针有磨损，故寿命较短，可靠性较差，且难于快速退刀。

2）非接触式刀具识别装置

非接触式刀具识别装置没有机械直接接触，因而无磨损、无噪声、寿命长、反应速度快，适应于高速、换刀频繁的工作场合。常用的有磁性识别和光电识别。

(1) 非接触式磁性识别法。磁性识别法是利用磁性材料和非磁性材料磁感应强度不同，通过感应线圈读取代码。编码环的直径相等,分别由导磁材料(如软钢)和非导磁材料(如黄铜、塑料等)制成,规定前者编码为"1",后者编码为"0"。如图 7-1-4 所示为一种用于刀具编码的磁性识别装置。图中刀柄 1 上装有非导磁材料编码环 4 和导磁材料编码环 2,与编码环相对应的有一组检测线圈 6 组成非接触式识别装置 3。在检测线圈 6 的一次线圈 5 中输入交流电压时;如编码环为导磁材料,则磁感应较强,在二次线圈 7 中产生较大的感应电压;如编码环为非导磁材料,则磁感应较弱,在二次线圈中感应的电压较弱。利用感应电压的强弱,就能识别刀具的号码。当编码环的号码与指令刀号相符合时,控制电路便发出信号,使刀库停止运转,等待换刀。

(2) 光学纤维刀具识别装置。这种装置利用光导纤维良好的光传导特性,采用多束光导纤维构成阅读头。用靠近的二束光导纤维来阅读二进制码的一位时,其中一束将光源投射到能反光或不能反光(被涂黑)的金属表面,另一束光导纤维将反射光送至光电转换元件转换成电信号,以判断正对这二束光导纤维的金属表面有无反射光,有反射时(表面光亮)为"1",无反射时(表面涂黑)为"0",如图 7-1-5(b)所示。在刀具的某个磨光部位按二进制规律涂黑或不涂黑,就可给刀具编上号码。正当中的一小块反光部分用来发出同步信号。阅读头端面如图 7-1-5(a)所示,共用的投光射出面为一矩形框,中间嵌进一排共 9 个圆形受光入射面。当阅读头端面正对刀具编码部位,沿箭头方向相对运动时,在同步信号的作用下,可将刀具编码读入,并与给定的刀具号进行比较而选刀。

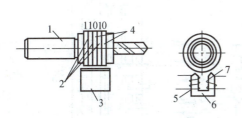

图 7-1-4 非接触式磁性刀具识别装置

1—刀柄;2—导磁材料编码环;3—识别装置;4—非导磁材料编码环;5——次线圈;6—检测线圈;7—二次线圈

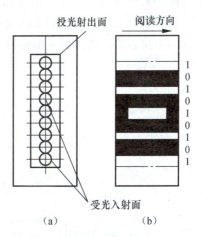

图 7-1-5 光纤维刀具识别装置

4. 利用 PLC(可编程序控制器)实现随机换刀

由于计算机技术的发展,可以利用软件选刀,它代替了传统的编码环和识刀器。在这种选刀与换刀的方式中,刀库上的刀具能与主轴上的刀具任意地直接交换,即随机换刀。主轴上换来的新刀号及还回刀库上的刀具号,均在 PLC 内部相应地存储单元记忆。随机换刀控制方式需要在 PLC 内部设置一个模拟刀库的数据表,其长度和表内设置的数据与刀库的位置数和刀具号相对应。这种方法主要由软件完成选刀,从而消除了由于识刀装置的稳定性、可靠性差所带来的选刀失误。

1.2 刀架换刀

1. 排刀式刀架

排刀式刀架一般用于小规格数控车床，以加工棒料为主的机床较为常见。结构形式为夹持着各种不同用途刀具的刀夹沿着机床的 X 坐标轴方向排列在横向滑板或一种称之为快换台板（Quick-Change Platen）上。刀具典型布置方式如图 7-1-6 所示。这种刀架的特点之一是在使用上刀具布置和机床调整都较方便，可以根据具体工件的车削工艺要求，任意组合各种不同用途的刀具，一把刀完成车削任务后，横向滑板只要按程序沿 X 轴向移动预先设定的距离，第二把刀就到达加工位置，这样就完成了机床的换刀动作。这种换刀方式迅速省时，有利于提高机床的生产效率。特点之二是使用如图 7-1-7 所示的快换台板，可以实现成组刀具的机外预调，即当机床在加工某一工件的同时，可以利用快换台板在机外组成加工同一种零件或不同零件的排刀组，利用对刀装置进行预调。当刀具磨损或需要更换加工零件品种时，可以通过更换台板来成组地更换刀具，从而使换刀的辅助时间大为缩短。特点之三是还可以安装各种不同用途的动力刀具（如图 7-1-6 所示中刀架两端的动力刀具）来完成一些简单的钻、铣、攻螺纹等二次加工工序，以使机床可在一次装夹中完成工件的全部或大部分加工工序。特点之四是排刀式刀架结构简单，可在一定程度上降低机床的制造成本。然而，采用排刀式刀架只适合加工旋转直径比较小的工件，只适合较小规格的机床配置；不适用于加工较大规格的工件或细长的轴类零件。一般来说旋转直径超过 100 mm 的机床大都不用排刀式刀架，而采用转塔式刀架。

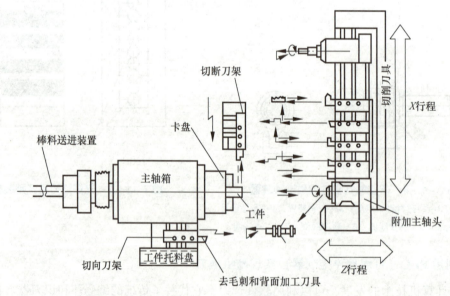

图 7-1-6 排刀式刀架布置图

2. 经济型数控车床方刀架

经济型数控车床方刀架是在普通车床四方刀架的基础上发展的一种自动换刀装置，其功能和普通四方刀架一样，有四个刀位，能装夹 4 把不同功能的刀具，方刀架回转 90°时，刀具交换一个刀位，但刀架的回转和刀位号的选择由加工程序指令控制。换刀时方刀架的动作顺序是：刀架抬起→刀架转位→刀架定位→夹紧刀架。为完成上述动作要求，要有相应的机构来实现，下面就以 WZD4 型刀架为例说明其具体结构，如图 7-1-8 所示。

该刀架可以安装四把不同的刀具，转位信号由加工程序指定。当换刀指令发出后，小型电动机 1 起动正转，通过平键套筒联轴器 2 使蜗杆轴 3 转动，从而带动蜗轮丝杠 4 转动。蜗轮的上部外圆柱加工有外螺纹，所以该零件称蜗轮丝杠。刀架体 7 内孔加工有内螺纹，与蜗轮丝杠旋合。蜗轮丝杠内

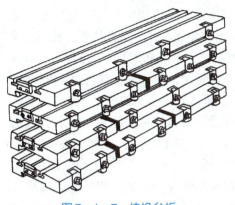

图 7-1-7　快换台板

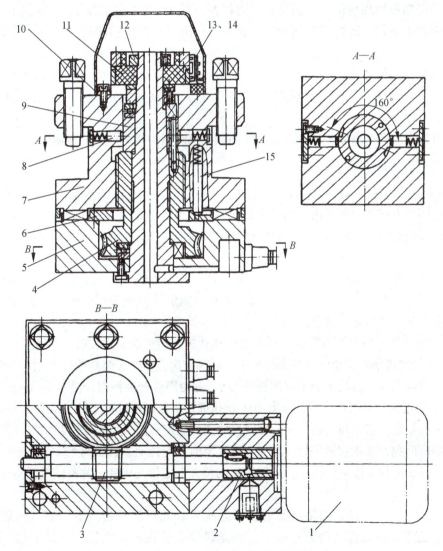

图 7-1-8　数控车床方刀架结构

1—电动机；2—联轴器；3—蜗杆轴；4—蜗轮丝杠；5—刀架底座；6—粗定位盘；7—刀架体；8—球头销；
9—转位套；10—电刷座；11—发信体；12—螺母；13、14—电刷；15—粗定位销

孔与刀架中心轴外圆是滑配合，在转位换刀时，中心轴固定不动，蜗轮丝杠环绕中心轴旋转。当蜗轮开始转动时，由于在刀架底座5和刀架体7上的端面齿处于啮合状态，且蜗轮丝杠轴向固定，这时刀架体7抬起。当刀架体抬至一定距离后，端面齿脱开。转位套9用销钉与蜗轮丝杠4连接，随蜗轮丝杠一同转动，当端面齿完全脱开，转位套正好转过160°（如图7-1-8（a）剖示所示），球头销8在弹簧力的作用下进入转位套9的槽中，带动刀架体转位。刀架体7转动时带着电刷座10转动，当转到程序指定的刀号时，定位销15在弹簧的作用下进入粗定位盘6的槽中进行粗定位，同时电刷13、14接触导通，使电动机1反转。由于粗定位槽的限制，刀架体7不能转动，使其在该位置垂直落下。刀架体7和刀架底座5上的端面齿啮合，实现精确定位。电动机继续反转，此时蜗轮停止转动，蜗杆轴3继续转动，译码装置由发信体11与电刷13、14组成，电刷13负责发信，电刷14负责位置判断。刀架不定期位出现过位或不到位时，可松开螺母12调好发信体11与电刷14的相对位置。随夹紧力增加，转矩不断增大时，达到一定值时，在传感器的控制下，电动机1停止转动。

译码装置由发信体11与电刷13、14组成，电刷13负责发信，电刷14负责位置判断。刀架不定期出现过位或不到位时，可松开螺母12调好发信体11与电刷14的相对位置。

这种刀架在经济型数控车床及普通车床的数控化改造中得到广泛的应用。

3. 一般转塔回转刀架

图7-1-9为数控车床的转塔回转刀架，它适用于盘类零件的加工。在加工轴类零件时，可以换用四方回转刀架。由于两者底部安装尺寸相同，更换刀架十分方便。回转刀架动作根据数控指令进行，由液压系统通过电磁换向阀和顺序阀进行控制，其动作过程分为如下四个步骤：

（1）**刀架抬起**。当数控装置发出换刀指令后，压力油从A孔进入压紧液压缸的下腔，使活塞1上升，刀架2抬起使定位用活动插销10与固定插销9脱开。同时，活塞杆下端的端齿离合器5与空套齿轮7结合。

（2）**刀架转位**。当刀架抬起后，压力油从C孔进入转位液压缸左腔，活塞6向右移动，通过接板13带动齿条8移动，使空套齿轮7连同端齿离合器5反时针旋转60°，实现刀架转位。活塞行程应当等于齿轮7的节圆周长的1/6，并由限位开关控制。

（3）**刀架压紧**。刀架转位后，压力油从B孔进入压紧液压缸的上腔，活塞1带动刀架2下降。件3的底盘上精确地安装着6个带斜楔的圆柱固定插销9，利用活动插销10消除定位销与孔之间的间隙，实现反靠定位。当刀架2下降时，定位活动插销与另一个固定插销9卡紧，同时，件3与件4以锥面接触，刀架在新的位置上定位并压紧。此时，端面离合器与空套齿轮脱开。

（4）**转位液压缸复位**。刀架压紧后，压力油从D孔进转位液压缸右腔，活塞6带动齿条复位。由于此时端齿离合器已脱开，齿条带动齿轮在轴上空转。如果定位，压紧动作正常，推杆11与相应的触头12接触，发出信号表示已完成换刀过程，可进行切削加工。

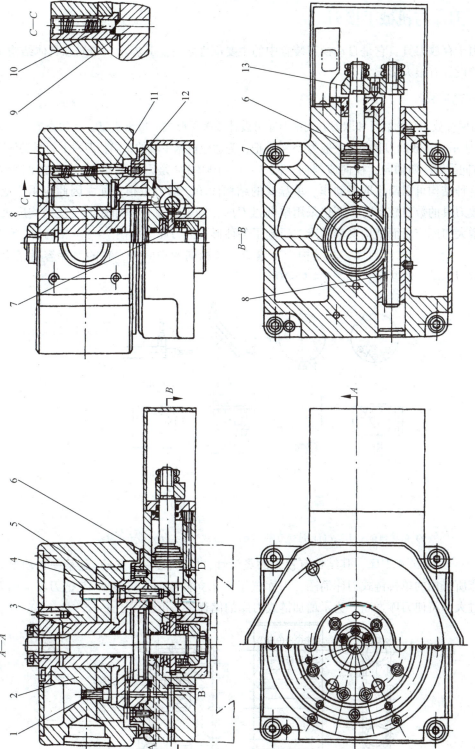

图 7-1-9 一般转塔回转刀架

1—活塞；2—刀架；3，4—定位杆；5—离合器；6—活塞；7—齿轮；8—齿条；9，10—插销；11—推杆；12—触头；13—接板

1.3 刀库与机械手换刀

刀库用于存放刀具,它是自动换刀装置中的主要部件之一。其容量、布局和具体结构对数控机床的设计有很大影响。

1. 刀库的形式

根据刀库存放刀具的数目和取刀方式,刀库可设计成多种形式。单盘式刀库(如图 7-1-10 (a)~(d) 所示)存放的刀具数目一般为 15~40 把,为适应机床主轴的布局,刀库上刀具轴线可以按不同方向配置,如轴向、径向或斜向。图 7-1-10 (d) 是刀具可作 90°翻转的圆盘刀库,采用这种结构可以简化取刀动作。单盘式的结构简单,取刀也很方便,因此应用广泛。当刀库存放刀具的数目较多时,若仍采用单圆盘刀库,则刀库直径增加太大而使结构庞大。为了既能增大刀库容量而结构又较紧凑,研制了各种形式的刀库。如图 7-1-10 (e) 为鼓轮弹仓式(又称刺猬式)刀库,其结构十分紧凑,在相同的空间内,它的刀库容量最大,但选刀和取刀的动作较复杂。如图 7-1-10 (f) 为链式刀库。

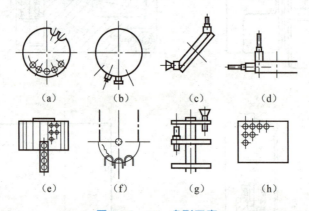

图 7-1-10 盘形刀库

(a)(b)(c)(d) 单盘式刀库;
(e) 鼓轮弹仓式刀库;(f) 链式刀库;(g) 多盘式刀库;(h) 格子式刀库

图 7-1-11 为链式刀库,其结构有较大的灵活性,图 7-1-11 (a) 是某一自动换刀数控镗铣床所采用的单排链式刀库简图,刀库置于机床立柱侧面,可容纳 45 把刀具。如刀具储存量过大,将使刀库过高,为了增加链式刀库的储存量,可采用图 7-1-11 (b) 所示

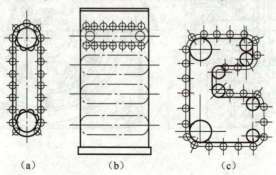

图 7-1-11 链式刀库

(a) 单排链式刀库;(b) 多排链式刀库;(c) 加长链条的链式刀库

多排链式刀库。这种刀库常独立安装于机床之外，因此占地面积大；由于刀库远离主轴，必须有刀具中间搬运装置，使整个换刀系统结构复杂。图 7 − 1 − 11（c）为加长链条的链式刀库，采用增加支承链轮数目的方法，使链条折叠回绕，提高其空间利用率，从而增加了刀库的储存量。此外，还有多盘式和格子式刀库，如图 7 − 1 − 10（g）、（h）所示，这种刀库虽然储存量大，但结构复杂，选刀和取刀动作多，故较少采用。

刀库除了存储刀具之外，还要能根据要求将各工序所用的刀具运送到取刀位置。刀库常采用单独驱动装置。如图 7 − 1 − 12 所示为圆盘式刀库的结构图，可容纳 40 把刀具，图 7 − 1 − 12（a）为刀库的驱动装置，由液压马达驱动，通过蜗杆 4 和蜗轮 5，端齿离合器 2 和 3 带动与圆盘 13 相连的轴 1 转动。如图 7 − 1 − 12（b）所示，圆盘 13 上均布 40 个刀座 9，其外侧边缘上有固定不动的刀座号读取装置 7。当圆盘 13 转动时，刀座号码板 8 依次经过刀座号读取装置，并读出各刀座的编号，与输入指令相比较，当找到所要求的刀座号时，即发出信号，高压油进入液压缸 6 右腔使端齿离合器 2 和 3 脱开，使圆盘 13 处于浮动状态。同时液压缸 12 前腔的高压油通路被切断，并使其与回油箱连通，在弹簧 10 的作用下，液压缸 12 的活塞杆带着定位 V 形块 14 使圆盘 13 定位，以便换刀装置换刀。这种装置比较简单，总体市局比较紧凑，但圆盘直径较大，转动惯量大，一般这种刀库多安装在离主轴较远的位置，因此，要采用中间搬运装置将刀具传送到换刀位置。

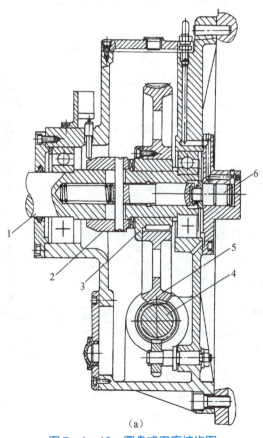

（a）

图 7 − 1 − 12　圆盘式刀库结构图

（a）刀库的驱动装置

1—轴；2，3—端齿离合器；4—蜗杆；5—蜗轮；6—液压缸

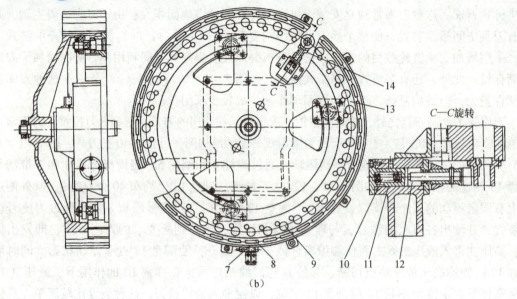

图 7-1-12 圆盘式刀库结构图（续）

(b) 圆盘

7—刀座号读取装置；8—刀座号板；9—刀座；10—弹簧；11—套；12—液压缸；13—圆盘；14—V 形块

THK6370 自动换刀数控卧式镗铣床采用链式刀库。其结构示意图如图 7-1-13 所示。刀库由 45 个刀座组成，刀座就是链传动的链节，刀座的运动由 ZM-40 液压马达通过减速箱传到下链轮轴上，下链轮带动刀座运动。刀库运动的速度通过调节 ZM-40 的速度来实现。刀座的定位用正靠的办法将所要的刀具准确地定位在取刀（还刀）位置上。在刀具进入取刀位置之前，刀座首先减速。刀座上的燕尾进入刀库立柱的燕尾导轨，在选刀与定位区域内，刀座在燕尾导轨内移动，以保持刀具编码环与选刀器的位置关系的一致性。

2. 设计刀库时应考虑的主要问题

1）合理确定刀库储存量

若刀库储存量过大，导致刀库的结构庞大而复杂，影响机床总体布局；若储存量过小，则不能满足复杂零件的加工要求。因此，刀库容量应在经济合理的条件下，力图将一组类似的零件所需的全部

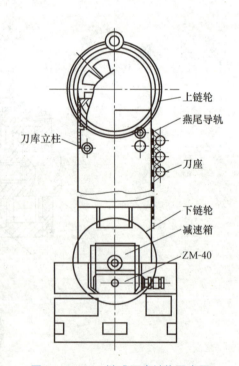

图 7-1-13 链式刀库结构示意图

刀具装入刀库，以缩短每次装刀所需的装调时间。有关资料曾对 15 000 个零件进行分组统计，指出不同工序加工时必需的刀具数不同，如图 7-1-14 所示。图中表示经常使用的刀具种类并不多，如铣削 90% 的加工量由 4 把刀具即可完成；钻削用 14 把钻头可完成 80% 的加工量，用 20 把钻头即可完成 90% 的加工量。因此不从加工实际需要出

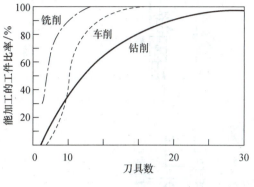

图 7-1-14　刀具数量统计图

发,片面增大刀库容量是不必要的。对国内外 300 多种刀库储存容量统计的结果表明,一般刀库的储存量以 10~40 把较为适合,41~60 把刀具基本上能满足绝大多数零件的加工要求。少于 10 把或超过 60 把的很少。

2) 尽量缩短选刀时间

例如将选刀时间与加工时间重叠,根据所选刀具在刀库中的位置来决定刀库正转或反转,以缩短选刀时间。

3) 刀库运动速度应适宜

作回转运动的刀库,其运动是间歇的,而且方向经常改变,故要求启停平稳、无冲击、能准停在预定位置,为此要求转动惯量不能过大,因而对刀库的直径、储存刀具的重量和数量以及刀库的回转速度都应有适当限制。目前,国内外链式刀库的线速度可达 8~100 mm/s,圆盘刀库的转速多为 10~60°/s。刀库中能自动换刀的最大刀具直径限制为 315 mm,最大刀具长度为 500 mm,最大刀具重量为 100 kg。

4) 要求刀具运行平稳

为此,往往需设置辅助支承和导向装置。如对链式刀库设置刀座运动导轨,对圆盘刀库可在靠近刀盘外缘处用滚动轴承支承。

5) 刀座在刀库中的排列

一般刀座的间距相等,在必要的情况下,也可采用不等距排列,视刀具直径大小而定,多数刀座装小直径刀具,按小间距排列;少数刀座按大间距排列,装大直径刀具。

6) 其他应注意的问题

如刀具在刀座中应夹持可靠,刀库防尘、防压及安全防护等问题都必须考虑。

3. 机械手

采用机械手进行刀具交换的方式应用得最为广泛,这是因为机械手换刀有很大的灵活性,而且可以减少换刀时间。

1) 机械手的形式与种类

在自动换刀数控机床中,机械手的形式也是多种多样的,常见的有如图 7-1-15 所示的几种形式:

(1) 单臂单爪回转式机械手（图 7-1-15 (a)）。这种机械手的手臂可以回转不同的角度进行自动换刀,手臂上只有一个夹爪,不论在刀库上或在主轴上,均靠这个夹爪来装刀及卸刀,因此换刀时间较长。

(2) 单臂双爪摆动式机械手（图 7-1-15 (b)）。这种机械手的手臂上有两个夹爪,两个夹爪有所分工,一个夹爪只执行从主轴上取下"旧刀"送回刀库的任务。另一个爪则执行由刀库取出"新刀"送到主轴的任务。其换刀时间较上述单爪回转式机械手要少。

(3) 单臂双爪回转式机械手（图 7-1-15 (c)）。这种机械手的手臂两端各有一个夹

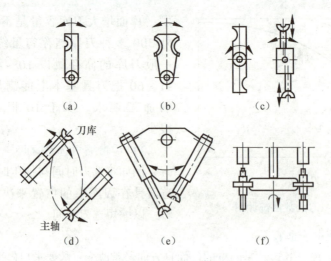

图 7-1-15 机械手形式

(a) 单臂单爪回转式；(b) 单臂双爪摆动式；(c) 单臂双爪回转式；(d) 双机械手；
(e) 双臂往复交叉式；(f) 双臂端面夹紧式

爪，两个夹爪可同时抓取刀库及主轴上的刀具，回转 180°后；又同时将刀具放回刀库及装入主轴。换刀时间较以上两种单臂机械手均短，是最常用的一种形式。图 (c) 右边的一种机械手在抓取刀具或将刀具送入刀库及主轴时，两臂可伸缩。

(4) 双机械手（图 7-1-15 (d)）。这种机械手相当于两个单爪机械手，相互配合起来进行自动换刀。其中一个机械手从主轴上取下"旧刀"送回刀库；另一个机械手由刀库里取出"新刀"装入机床主轴。

(5) 双臂往复交叉式机械手（图 7-1-15 (e)）。这种机械手的两手臂可以往复运动，并交叉成一定的角度。一个手臂从主轴上取下"旧刀"送回刀库，另一个手臂由刀库取出"新刀"装入主轴。整个机械手可沿某导轨直线移动或绕某个转轴回转，以实现刀库与主轴间的换刀运动。

(6) 双臂端面夹紧机械手（图 7-1-15 (f)）。这种机械手只是在夹紧部位上与前几种不同。前几种机械手均靠夹紧刀柄的外圆表面以抓取刀具，这种机械手则夹紧刀柄的两个端面。

2) 常用换刀机械手

(1) 单臂双爪式机械手。也叫扁担式机械手，它是目前加工中心上用得较多的一种。这种机械手的拔刀、插刀动作，大都由液压缸来完成。根据结构要求，可以采取液压缸动，活塞固定；或活塞动，液压缸固定的结构形式。而手臂的回转动作，则通过活塞的运动带动齿条齿轮传动来实现。机械手臂的不同回转角度，由活塞的可调行程来保证。

这种机械手采用了液压装置，既要保证不漏油，又要保证机械手动作灵活，而且每个动作结束之前均必须设置缓冲机构，以保证机械手的工作平衡、可靠。由于液压驱动的机械手需要严格的密封，还需较复杂的缓冲机构；控制机械手动作的电磁阀都有一定的时间常数，因而换刀速度慢。近年来国内外先后研制了凸轮联动式单臂双爪机械手，其工作原理如图 7-1-16 所示。

这种机械手的优点是:由电动机驱动,不需较复杂的液压系统及其密封、缓冲机构,没有漏油现象,结构简单,工作可靠。同时,机械手手臂的回转和插刀、拔刀的分解动作是联动的,部分时间可重叠,从而大大缩短了换刀时间。

(2) 双臂单爪交叉型机械手。由北京机床研究所开发和生产的 JCS13 卧式加工中心,所用换刀机械手就是双臂单爪交叉型机械手,如图 7-1-17 所示。

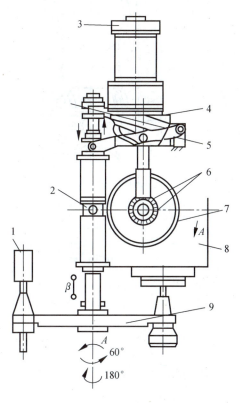

图 7-1-16 凸轮式换刀机械手

1—刀套;2—十字轴;3—电动机;4—圆柱槽凸轮(手臂上下);5—杠杆;6—锥齿轮;7—凸轮滚子(平臂旋转);8—主轴箱;9—换刀手臂

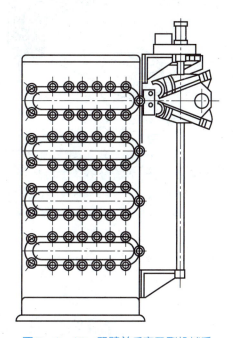

图 7-1-17 双臂单爪交叉型机械手

(3) 单臂双爪且手臂回转轴与主轴成 45°的机械手。结构如图 7-1-18 所示,这种机械手换刀动作可靠,换刀时间短。缺点是对刀柄精度要求高,结构复杂,对联机调整的相关精度要求高,机械手离加工区较近。

3) 手爪形式

(1) 钳形机械手手爪。如图 7-1-19 所示,图中的锁销 2 在弹簧(图中未画出此弹簧)作用下,其大直径外圆顶着止退销 3,杠杆手爪 6 就不能摆动张开,手中的刀具就不会被甩出。当抓刀和换刀时,锁销 2 被装在刀库主轴端部的撞块压回,止退销 3 和杠杆手爪 6 就能够摆动、放开,刀具就能装入和取出。这种手爪均为直线运动抓刀。

(2) 刀库夹爪。刀库夹爪既起着刀套用,又起着手爪的作用。如图 7-1-20 所示为刀库夹爪图。

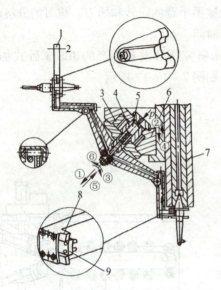

图7-1-18 斜45°机械手
1—刀库；2—刀库轴线；3—齿条；4—齿轮；5—抓刀活塞；
6—机械手托架；7—主轴；8—抓刀定块；9—抓刀动块
①—抓刀；②—拔刀；③—换位（旋转180°）；
④—插刀；⑤—松刀；⑥—返回原位（旋转90°）

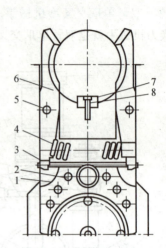

图7-1-19 钳形机械手手爪
1—手臂；2—锁销；3—止退销；
4—弹簧；5—支点轴；6—杠杆手爪；
7—键；8—螺钉

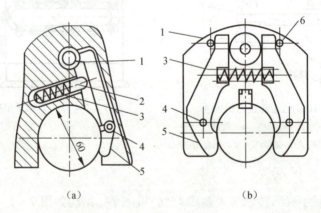

（a）　　　　　　　　（b）

图7-1-20 刀库夹爪
1—锁销；2—顶销；3—弹簧；4—支点轴；5—手爪；6—挡销

4) 机械手结构原理

如图7-1-21所示机械手结构及工作原理如下：

机械手有两对抓刀爪，由液压缸1驱动其动作。当液压缸推动机械手爪外伸时（图7-1-21中上面一对抓刀爪），抓刀爪上的销轴3在支架上的导向槽2内滑动，使抓刀爪绕销4摆动，抓刀爪合拢，抓住刀具；当液压缸回缩时（图7-1-21中下面一对抓刀爪），支架上的导向槽2迫使抓刀爪张开，放松刀具。由于抓刀动作由机械机构实现，且能自锁，因此工作安全可靠。

项目7 装调数控机床典型部件

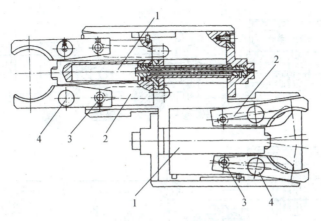

图 7-1-21 机械手结构原理图
1—液压缸；2—支架导向槽；3—销轴；4—销

5) 机械手的驱动机构

图 7-1-22 为机械手的驱动机构。气缸 1 通过杆 6 带动机械手臂升降，当机械手在上边位置时（图示位置），液压缸 4 通过齿条 2、齿轮 3、传动盘 5、杆 6 带动机械手臂回转；当机械手在下边位置时，气缸 7 通过齿条 9、齿轮 8、传动盘 5 和杆 6 带动手臂回转。

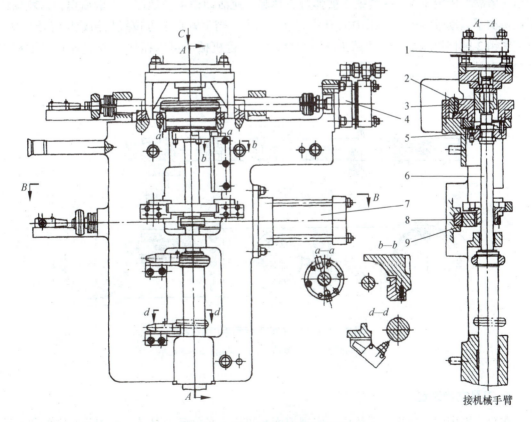

图 7-1-22 机械手的驱动机构
1—升降气缸；2,9—齿条；3,8—齿轮；4—液压缸；5—传动盘；6—杆；7—传动气缸

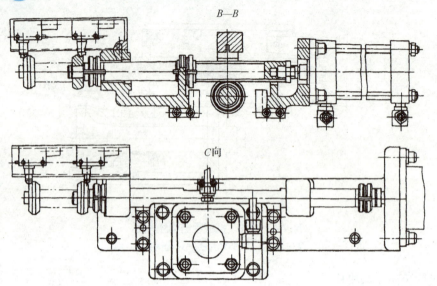

图 7-1-22 机械手的驱动机构（续）

图 7-1-23 为机械手臂和手爪结构图。手臂的两端各有一手爪。刀具被带弹簧 1 的活动销 4 紧靠着固定爪 5。锁紧销 2 被弹簧 3 弹起，使活动销 4 被锁位，不能后退，这就保证了在机械手运动过程中，手爪中的刀具不会被甩出。当手臂在上方位置从初始位置转过 75°时锁紧销 2 被挡块压下，活动销 4 就可以活动，使得机械手可以抓住（或放开）主轴和刀套中的刀具。

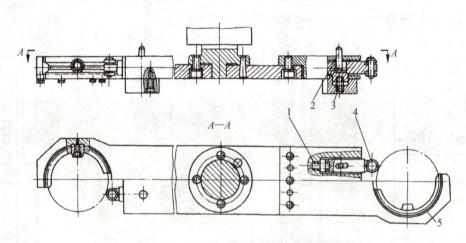

图 7-1-23 机械手臂和手爪结构图
1、3—弹簧；2—锁紧销；4—活动销；5—固定爪

4. 刀具交换装置

在数控机床的自动换刀系统中，实现刀库与机床主轴之间刀具传递和刀具装卸的装置称为刀具交换装置。刀具的交换方式通常分为无机械手换刀和有机械手换刀两大类。

1）无机械手换刀

无机械手换刀的方式是利用刀库与机床主轴的相对运动实现刀具交换。XH754型卧式加工中心就是采用这类刀具交换装置的实例。

该机床主轴在立柱上可以沿 Y 方向上下移动，工作台横向运动为 Z 轴，纵向移动为 X 轴。鼓轮式刀库位于机床顶部，有30个装刀位置，可装29把刀具。换刀过程见图7-1-24（a）~（f）。

图7-1-24（a）：当加工工步结束后执行换刀指令，主轴实现准停，主轴箱沿 Y 轴上升。这时机床上方刀库的空挡刀位正好处在交换位置，装夹刀具的卡爪打开。

图7-1-24（b）：主轴箱上升到极限位置，被更换刀具的刀杆进入刀库空刀位，即被刀具定位卡爪钳住，与此同时，主轴内刀杆自动夹紧装置放松刀具。

图7-1-24（c）：刀库伸出，从主轴锥孔中将刀具拔出。

图7-1-24（d）：刀库转出，按照程序指令要求将选好的刀具转到最下面的位置，同时，压缩空气将主轴锥孔吹净。

图7-1-24（e）：刀库退回，同时将新刀具插入主轴锥孔。主轴内刀具夹紧装置将刀杆拉紧。

图7-1-24（f）：主轴下降到加工位置后起动，开始下一工步的加工。

这种换刀机构不需要机械手，结构简单、紧凑。由于交换刀具时机床不工作，所以不会影响加工精度，但会影响机床的生产效率。因刀库尺寸限制，装刀数量不能太多。这种换刀方式常用于小型加工中心。

2）机械手换刀

采用机械手进行刀具交换的方式应用得最为广泛，这是因为机械手换刀有很大的灵活性，而且可以减少换刀时间。机械手的结构形式是多种多样的，因此换刀运动也有所不同。下面以卧式镗铣加工中心为例说明采用机械手换刀的工作原理。

该机床采用的是链式刀库，位于机床立柱左侧。由于刀库中存放刀具的轴线与主轴的轴线垂直，故而机械手需要三个自由度。机械手沿主轴轴线的插拔刀具动作，由液压缸来实现；绕竖直轴90°摆动进行刀库与主轴间刀具的传送，及绕水平轴旋转180°完成刀库与主轴上的刀具交换的动作，由液压马达实现。其换刀分解动作如图7-1-25（a）~（f）所示。

图7-1-25（a）：抓刀爪伸出，抓住刀库上的待换刀具，刀库刀座上的锁板拉开。

图7-1-25（b）：机械手带着待换刀具绕竖直轴逆时针方向转90°，与主轴轴线平行，另一个抓刀爪抓住主轴上的刀具，主轴将刀杆松开。

图7-1-25（c）：机械手前移，将刀具从主轴锥孔内拔出。

图7-1-25（d）：机械手绕自身水平轴转180°，将两把刀具交换位置。

图7-1-25（e）：机械手后退，将新刀具装入主轴，主轴将刀具锁住。

图7-1-25（f）：抓刀爪缩回，松开主轴上的刀具。机械手绕竖直轴顺时针转90°，将刀具放回刀库的相应刀座上，刀库的锁板合上。

最后，抓刀爪缩回，松开刀库上的刀具，恢复到原始位置。

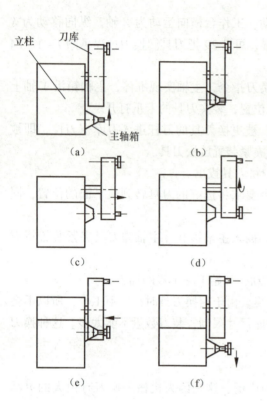

图 7-1-24 换刀过程

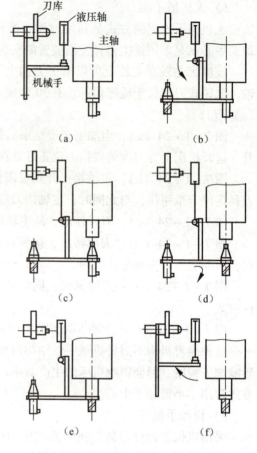

图 7-1-25 换刀分解动作示意图

1.4 更换主轴换刀与更换主轴箱换刀

1. 更换主轴换刀

更换主轴换刀是带有旋转刀具的数控机床的一种比较简单的换刀方式。这种主轴头实际上就是一个转塔刀库，在转塔的各个主轴头上，预先安装有各工序所需要的旋转刀具。当发出换刀指令时，各主轴头依次地转到加工位置，并接通主运动，使相应的主轴带动刀具旋转。而其他处于不加工位置上的主轴头都与主运动脱开。每次转位包括下列动作，如图 7-1-26 所示。

主轴头有卧式和立式两种，常用转塔的转位来更换主轴头，以实现自动换刀。图 7-1-27 为立式八轴转塔头的结构。

（1）脱开主传动。接到数控装置发出的换刀指令后，液压缸 4 卸压，弹簧推动齿轮 1 与主轴上的齿轮 12 脱开。

（2）转塔头脱开。固定在支架上的行程开关 3 接通，表示主传动已脱开，控制电磁阀，使液压油进入液压缸 5 的左腔，液压缸活塞带动转塔头向右移动，直至活塞与油缸端部接触。固定在转塔头上的齿盘 10 脱开。

（3）转塔头转位。当齿盘脱开，行程开关发出信号，启动转位电动机，经蜗杆 8 和蜗轮 6 带动槽轮机构的主动曲拐使槽轮 11 转过 45°，并由槽轮机构的圆弧槽来完成主轴头的分

项目7 装调数控机床典型部件

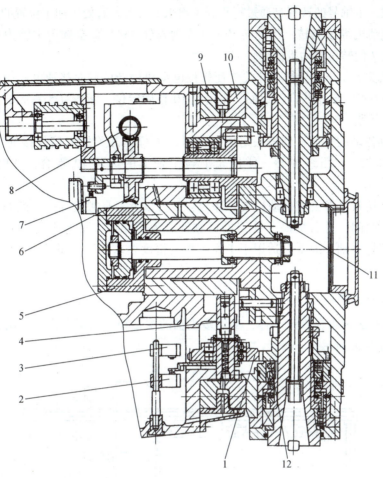

图7-1-26 更换主轴换刀

1,12—齿轮；2,3,7—行程开关；4,5—液压缸；6—蜗轮；8—蜗杆；9,10—齿盘；11—槽轮

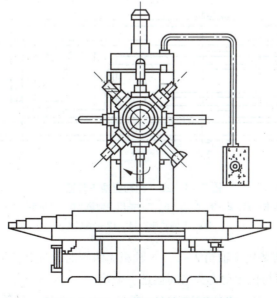

图7-1-27 立式八轴转塔头的结构

93

度位置粗定位。主轴号的选择是通过行程开关组来实现的。若处于加工位置的主轴不是所需要的,转位电动机继续回转,带动转塔头间歇地再转45°,直至选中主轴为止。主轴选好后,行程开关7使转位电动机停转。

(4) 转塔头定位压紧。行程开关7使转位电动机停转的同时接通电磁阀,使压力油进入液压缸5的右腔,转塔头向左返回,由齿盘10精确定位。液压缸5右腔的油压作用力将转塔头可靠地压紧。

(5) 主轴传动的接通。转塔头定位夹紧时,由行程开关发出信号接通电磁阀控制压力油进入液压缸4,压缩弹簧,使齿轮1与主轴上的齿轮12啮合,此时换刀动作全部完成。

更换主轴换刀,省去了自动松夹、卸刀、装刀以及刀具搬运等一系列的复杂操作,从而缩短了换刀时间,并且提高了换刀的可靠性。为了保证主轴的刚性,必须限制主轴数目。因此,转塔主轴头通常只适用于工序较少、精度要求不太高的机床,例如数控钻床、铣床等。

2. 更换主轴箱换刀

有的数控机床像组合机床一样,采用多主轴的主轴箱,利用更换主轴箱达到换刀的目的,如图7-1-28所示。

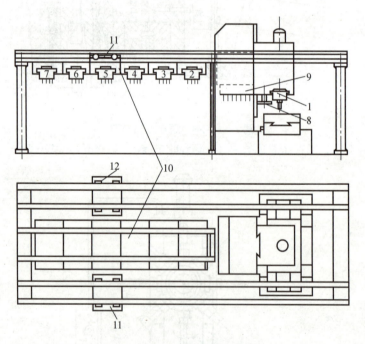

图7-1-28 自动更换主轴箱

1—工作主轴箱;2,3,4,5,6,7—备用主轴箱;8—机械手;9—刀库;
10—主轴箱库;11,12—小车

主轴箱库10吊挂着备用主轴箱2~7。主轴箱库两侧的导轨上,装有同步运动的小车11和12,它们在主轴箱库与机床动力头之间运送主轴箱。

根据加工要求,先选好所需的主轴箱,待两小车运行至该主轴箱处,将它推到小车11

上，小车11与小车12同时运动到机床动力头两侧的更换位置。当上一道工序完成后，动力头带着主轴箱上升到更换位置，夹紧机构将主轴箱1松开，定位销从定位孔中拔出，推杆机构将主轴箱1推到小车12上，同时又将小车11上的待用主轴箱推到机床动力头上，并进行定位夹紧。与此同时，两小车返回主轴箱库，停在下次待换的主轴箱旁。推杆机构将下次待换主轴箱推到小车11上，并把用过的主轴箱从小车12上推入主轴箱库的空位，也可通过机械手8在刀库9和主轴箱1之间进行刀具交换。这种换刀形式，对加工箱体类零件，可以提高生产率。

为了缩短换刀时间，可采用带刀库的双主轴或多主轴换刀系统，如图7-1-29所示。当水平方向的主轴在加工位置时，待更换刀具的主轴处于换刀位置，由刀具交换装置预先换刀，待本工序加工完毕后，转塔头回转并交换主轴（即换刀）。这种换刀方式，换刀时间大部分和机加工时间重合，只需转塔头转位的时间，所以换刀时间短。转塔头上的主轴数目较少，有利于提高主轴的结构刚性；刀库上刀具数目也可增加，对多工序加工有利。但这种换刀方式难保精镗加工所需要的主轴刚度。因此，这种换刀方式主要用于钻床，也可用于铣镗床和数控组合机床。

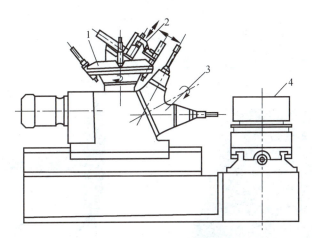

图7-1-29 带刀库的双主轴结构
1—刀库；2—机械手；3—转塔头；4—工件

任务2　四工位刀架的装调与检测

数控车床的刀架（如图7-2-1）是机床的重要组成部分，刀架用于夹持切削用的刀具，其结构直接影响机床的切削性能和切削效率。其工作顺序如下：

换刀信号→电动机正转→刀体转位→刀位信号→电动机反转→初定位→精定位夹紧→电动机停转→回答信号→加工程序进行。

本任务要求掌握数控车床四工位刀架的组装与调试。任务内容主要包括传动轴、下齿

拓展阅读
四工位刀架拆装方法

盘、上齿盘、定位槽及丝杠螺母机构等零、部件的机械装配与调整；设备联机调试及工作现场清理等工作。

图7-2-1 数控车床四工位刀架

1. 装配步骤

1）刀架底座的安装（图7-2-2～图7-2-4）

图7-2-2 底座　　　　　　　　图7-2-3 定轴

图7-2-4 刀架底座安装图

2）转位套的安装（图7-2-5～图7-2-7）

图7-2-5 转位套　　　　图7-2-6 蜗轮丝杠　　　　图7-2-7 转动套安装图

3）刀架体的安装（图7-2-8～图7-2-12）

图7-2-8 刀架体

图7-2-9 装转位套　　　　　　　图7-2-10 装定位盘

图7-2-11 垫圈　　　　　　　图7-2-12 装垫圈

4）安装离合销（图7-2-13~图7-2-14）

图7-2-13 离合销

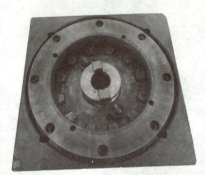

图7-2-14 离合销安装图

5）定位盘的安装（图7-2-15）

图7-2-15 定位盘安装图

6）离合盘的安装（图7-2-16~图7-2-17）

图7-2-16 离合盘

图7-2-17 离合盘安装图

7) 键、霍尔元件、磁铁等的安装（图7-2-18~图7-2-22）

图7-2-18　键　　　　图7-2-19　平面滚珠轴承

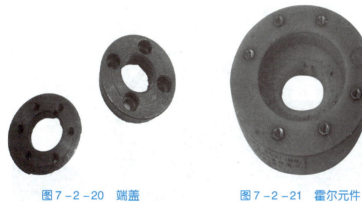

图7-2-20　端盖　　　　图7-2-21　霍尔元件

图7-2-22　键、霍尔元件、磁铁等的安装图

8) 发信支座的安装（图7-2-23～图7-2-24）

图7-2-23 发信支座

图7-2-24 发信支座安装图

9) 外壳的安装（图7-2-25）

图7-2-25 外壳安装图

10) 机床的调试

任务3　六工位刀架的拆装与调试

1. 拆卸步骤

六工位刀架全景图如图7-3-1所示。

项目7　装调数控机床典型部件

图7-3-1　六工位刀架全景图

1）拆卸外盖螺丝（图7-3-2）

图7-3-2　拆卸外盖螺丝

2）拆卸外盖（图7-3-3）

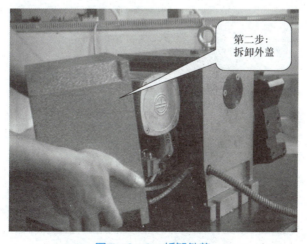

图7-3-3　拆卸外盖

3）拆卸垫圈（图7-3-4）

图7-3-4　拆卸垫圈

4）拆卸电动机线与信号线（图7-3-5）

图7-3-5　拆卸电动机线与信号线

5）取下电动机线与信号线（图7-3-6）

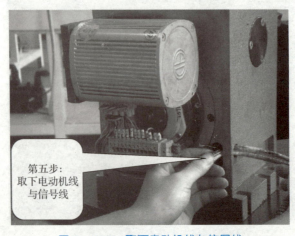

图7-3-6　取下电动机线与信号线

6) 拆卸螺丝（图7-3-7）

图7-3-7 拆卸螺丝

7) 取下同步带，卸下刀架电动机（图7-3-8）

图7-3-8 取下同步带并卸下刀架电动机

8) 拆卸电动机动力线（图7-3-9）

图7-3-9 拆卸电动机动力线

9）拆卸线排固定螺丝（图7-3-10）

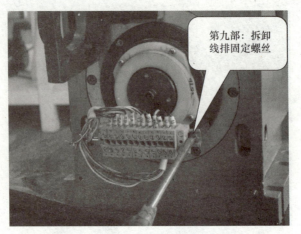

图7-3-10　拆卸线排固定螺丝

10）取下线排（图7-3-11）

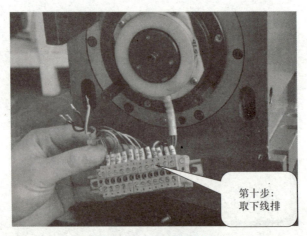

图7-3-11　取下线排

11）拆卸发信盘固定螺丝（图7-3-12）

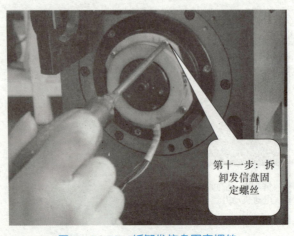

图7-3-12　拆卸发信盘固定螺丝

12）取下发信盘（图7-3-13）

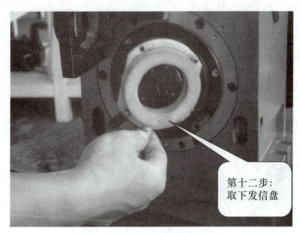

图7-3-13 取下发信盘

13）卸下固定螺丝（图7-3-14）

图7-3-14 卸下固定螺丝

14）拆卸支架上的螺丝（图7-3-15）

图7-3-15 拆卸支架上的螺丝

15）卸下支架（图7-3-16）

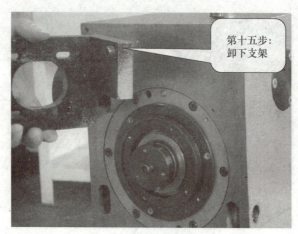

图7-3-16　卸下支架

16）拆卸端盖螺丝（图7-3-17）

图7-3-17　拆卸端盖螺丝

17）卸下端盖（图7-3-18）

图7-3-18　卸下端盖

18)小心拆卸同步带（图7-3-19）

图7-3-19 小心拆卸同步带

19)取下同步带（图7-3-20）

图7-3-20 取下同步带

20)拆卸螺丝（图7-3-21）

图7-3-21 拆卸螺丝

21）卸下轴承外端固定垫圈（图7-3-22）

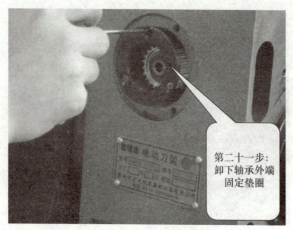

图7-3-22　卸下轴承外端固定垫圈

22）卸下轴承另端端盖螺丝（图7-3-23）

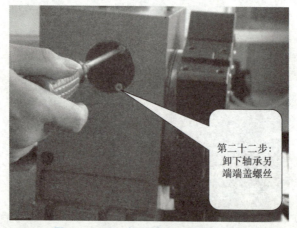

图7-3-23　卸下轴承另端端盖螺丝

23）取下轴承另端端盖（图7-3-24）

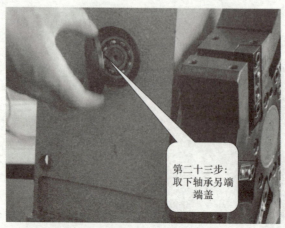

图7-3-24　取下轴承另端端盖

24）铁锤轻敲蜗杆（图7-3-25）

图7-3-25　铁锤轻敲蜗杆

25）取出蜗杆（图7-3-26）

图7-3-26　取出蜗杆

26）放下蜗杆（图7-3-27）

图7-3-27　放下蜗杆

27）卸下刀盘上的螺丝（图7-3-28）

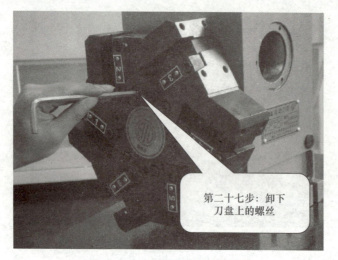

图7-3-28 卸下刀盘上的螺丝

28）使用木槌轻敲刀盘（图7-3-29）

图7-3-29 使用木槌轻敲刀盘

29）取下刀盘（图7-3-30）

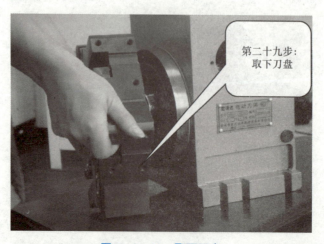

图7-3-30 取下刀盘

取下刀盘后,如图 7-3-31 所示。

图 7-3-31　取下刀盘后

记住安装点要和上方的凹点对齐,如图 7-3-32 所示。

图 7-3-32　记住安装点要和上方的凹点对齐

30) 拆下八个固定螺丝(图 7-3-33)

图 7-3-33　拆下八个固定螺丝

31）拆下磁块盘的螺丝（图7-3-34）

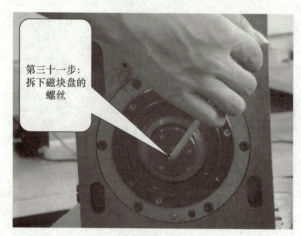

图7-3-34　拆下磁块盘的螺丝

32）取出磁块盘（图7-3-35）

图7-3-35　取出磁块盘

33）拆下螺丝（图7-3-36）

图7-3-36　拆下螺丝

34)取下固定盘(图7-3-37)

图7-3-37 取下固定盘

35)记住安装记号(图7-3-38)

图7-3-38 记住安装记号

36)拆下定位盘的固定螺丝(图7-3-39)

图7-3-39 拆下定位盘的固定螺丝

37）拆下卡簧（图 7-3-40、图 7-3-41）

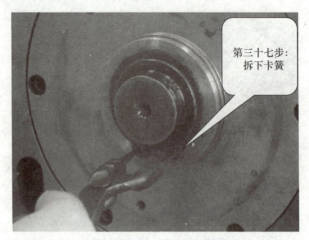

图 7-3-40　拆下卡簧（一）

图 7-3-41　拆下卡簧（二）

38）取出平面轴承（图 7-3-42）

图 7-3-42　取出平面轴承

39）取出定位盘（图7-3-43）

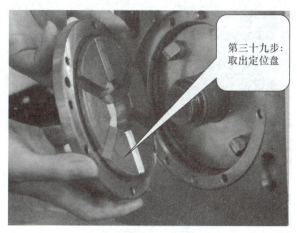

图7-3-43　取出定位盘

40）取出垫圈（图7-3-44）

图7-3-44　取出垫圈

41）取下定位销（图7-3-45）

图7-3-45　取下定位销

42）用木槌敲中心轴（图7-3-46）

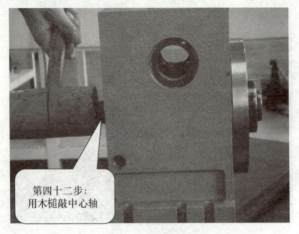

图7-3-46　用木槌敲中心轴

43）用一字螺丝刀撬开（图7-3-47）

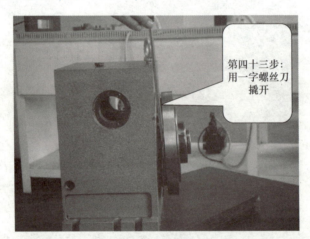

图7-3-47　用一字螺丝刀撬开

44）取出传动总成（图7-3-48、图7-3-49）

图7-3-48　取出传动总成（一）

项目7 装调数控机床典型部件

图 7-3-49 取出传动总成（二）

45）取出垫圈（图 7-3-50）

图 7-3-50 取出垫圈

46）拆下内六角螺丝（图 7-3-51、图 7-3-52）

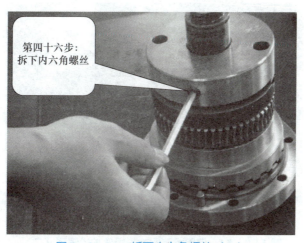

图 7-3-51 拆下内六角螺丝（一）

117

图7-3-52 拆下内六角螺丝（二）

47）使用拔销器或长螺丝拧进销子（图7-3-53、图7-3-54）

图7-3-53 使用拔销器或长螺丝拧进销子（一）

图7-3-54 使用拔销器或长螺丝拧进销子（二）

48）拔出销子（图7-3-55）

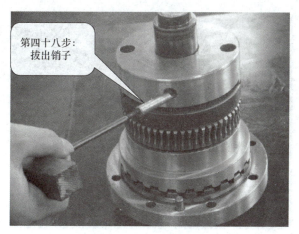

图7-3-55　拔出销子

49）转动蜗轮，使定位盘咬合好（图7-3-56）

图7-3-56　转动蜗轮并使定位盘咬合好

50）插入铁棍子，用锤子往上敲（图7-3-57）

图7-3-57　插入铁棍子并用锤子往上敲

51）取出转动盘（图7-3-58）

图7-3-58　取出转动盘

52）取下键（图7-3-59）

图7-3-59　取出键

53）用一字螺丝刀插入空位，拆下两固定块（图7-3-60、图7-3-61）

图7-3-60　用一字螺丝刀插入空位

图7-3-61 拆下两固定块

54）取下平面轴承（图7-3-62）

图7-3-62 取下平面轴承

拆时要记住位置，如图7-3-63所示。

图7-3-63 记住位置

55) 转动蜗轮,旋出蜗轮套(图7-3-64、图7-3-65)

图7-3-64 转动蜗轮

图7-3-65 旋出蜗轮套

56) 取下蜗轮套(图7-3-66)

图7-3-66 取下蜗轮套

57）取下定位盘（图7-3-67）

图7-3-67　取下定位盘

58）取下平面轴承（图7-3-68）

图7-3-68　取下平面轴承

59）取下内圈（图7-3-69）

图7-3-69　取下内圈

60）取出外定位盘（图7-3-70）

图7-3-70　取出外定位盘

任务4　归纳技术难点与注意事项

（1）拆卸前的准备工作。
（2）拆卸过程中，注意做好记录和标识。
（3）安装时，要按照在拆卸时所做的记录进行安装，并且要注意安装的顺序。
（4）拆卸下的零件及螺钉应放在专门的盒内，以免丢失。装配后，盒内的东西应全部用上，否则装配不完整。

项目 8　液压与气动控制系统的安装与调试

工作任务	掌握液压与气动控制系统的安装与调试
任务描述	正确识读液压与气动原理图，正确选择液压与气动元件，能够安装、调试、检测和维护典型液压系统

任务 1　识读液压原理图

在液压与气动系统的安装与调试过程中，离不开液压与气动原理图，因此能够正确而迅速地阅读系统原理图是十分重要的。采取正确的阅读方法以及必要的阅读步骤是正确而迅速地阅读液压与气动系统原理图的关键。

1.1　液压原理图识读简介

液压系统原理图是使用连线把液压元件的图形符号连接起来的一张简图，用来描述液压系统的组成及工作原理。

1. 识读基础

要做到正确而又迅速地阅读液压系统原理图，首先要很好地掌握液压技术基本知识，熟悉各种液压元件的工作原理、功能和特性；熟悉液压系统各种基本回路的组成、工作原理及基本性质；熟悉液压系统的各种控制方式；由于液压系统原理图是由液压元件的图形符号组成的，因此还要熟悉液压元件的标准图形符号。其次要在实际工作中联系实际，多读多练，通过各种典型的液压系统，了解不同应用场合下各种液压系统的组成及工作特点。

2. 识读方法

1）液压系统原理图附有说明书

如果在阅读液压系统原理图时，系统图附有说明书，则根据说明书的介绍逐步看下去，这样能够比较容易地阅读清楚液压系统原理图所示的液压系统的工作原理。

2）液压系统原理图未配备说明书

如果所阅读的液压系统原理图没有配备说明书，只有一张系统图，或者在系统原理图上附有工作循环表、电磁铁工作表或其他简单的说明，这就要求我们采取必要的分析方法和分析步骤，通过分析各元件的作用及油路的连接情况来弄清楚系统的工作原理。

1.2　液压与气动原理图识读步骤

阅读液压系统原理图可采用图8-1-1所示步骤。图8-1-1所示步骤并不是一成不变的，在具体的液压系统原理图识读过程中应结合具体的系统原理图适当调整或简化识读步骤。

1. 了解系统

在对给定的液压系统原理图进行分析之前，对被分析系统的基本情况进行了解是十分必要的，例如了解系统要完成的工作任务、要达到的工作要求以及要实现的动作循环。了解系统的动作情况后，就能按照系统的工作要求和动作循环，根据液压系统原理图去分析液压系统在工作原理上是如何满足液压设备的工作任务和动作循环的，从而分析清楚液压系统的工作原理。

1）了解系统的工作任务

了解液压设备或系统的工作任务最主要的是了解该设备的应用场合，在液压设备不同场合的工作任务如下：

（1）农、牧、渔业液压设备：完成农、牧、渔业操作机构的升降、折叠、回转动作，自行式机械的转向和行走驱动动作。

（2）冶金和建材业液压设备：完成轧制、锻打、挤压、送料等工作任务。

（3）交通运输行业液压设备：完成行走驱动、转向、摆舵、减振等工作任务。

（4）金属加工液压设备：完成铸造、焊接以及车、铣、刨、磨等机械加工任务。

（5）工程机械液压设备：完成搬运、吊装、挖掘、清理等工作任务以及实现行走驱动和转向驱动。

（6）国防军事液压设备：完成跟踪目标、转向、定位、行走驱动等工作任务。

2）了解系统的工作要求

对于所有的液压系统，设计或使用过程中应该能够满足一些共同的工作要求，例如系统效率高、节能、安全等要求。同时不同的应用场合对液压设备或系统也提出了不同的工作要求，液压系统原理图的设计就是为了使液压系统在工作原理上满足不同应用场合对液压系统的工作要求，所以要识读液压系统原理图就要对该系统的工作要求作全面的了解。

对液压传动系统的工作要求：能实现过载保护、液压泵卸荷、工作平稳、换向冲击小、自动化程度高、实现自动循环、系统效率高、损失小，能够实现能源元件输出的能量与执行元件所需要能量的匹配。

对于液压控制系统，除了具有上述液压传动系统的工作要求外，通常还应满足如下工作要求：控制精度高、稳定性好、响应速度快。

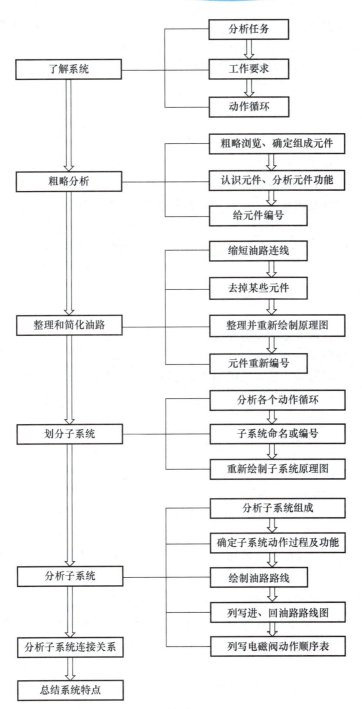

图 8-1-1 液压系统原理图识读步骤

3）了解系统的动作循环

不同的工作任务要求液压系统能够完成不同的动作循环，了解液压系统要完成的动作循环是分析液压系统原理图的关键，只有了解液压系统的动作循环才能够依据动作循环，分析动作循环中各个动作过程液压系统的工作原理。

动作循环复杂的液压系统，往往把动作循环用动作循环图的形式表示，如果液压系统原理图中没有给出动作循环图，可根据液压系统的工作任务推测出液压系统所要完成的动作循环；或根据液压系统的经验知识，从同类系统其他设备的动作循环推测出该液压系统的动作循环；还可以查找有关资料，对液压系统的动作循环进行了解。

2. 粗略分析

1）粗略浏览整个系统

粗略分析整个液压系统的步骤：首先是浏览待分析的液压系统原理图，根据液压系统原理图的复杂程度和组成元件的多少，决定是否对原理图进行进一步的划分。如果组成元件多、系统复杂，则先把复杂系统划分为多个单元、模块或元件组。然后明确整个液压系统或各个单元组成元件，判断哪些元件是熟悉的常规元件，哪些元件是不熟悉的特殊元件。

2）分析元件功能

明确液压系统的组成后，应仔细了解原理图中各个液压元件之间的相互关联，弄清楚所有元件的类型、功用、性能甚至规格，以便根据系统的组成元件对复杂的液压系统进行分解，把复杂液压系统分解为多个子系统。

3）给元件重新编号

往往待分析的液压系统原理图中并没有对元件进行编号，或者有些元件给出了编号，有些元件没有编号。为便于分析和说明，此时可以对液压系统原理图中所有元件进行重新编号。对元件进行重新编号时，最好采用相关元件进行相关编号的原则，使用字母或数字进行编号。

3. 整理和简化油路

1）简化油路

为了使原理图的绘制整齐、美观，在待分析的液压系统原理图中往往把所有的供油和回油连线连接到一条总的供油或是一条总的回油线上，这样就使得液压系统原理图的油路连接交错，油路关系复杂，不易于分析。因此为使复杂的液压系统原理图简单明了，看上去清晰、易于阅读，通常采用缩短油路连线、采用单独供油或单独回油的油路连线、删除某些油路连线等方法，使复杂的液压系统得到简化。

2）整理元件

对液压系统原理图中的液压元件进行整理或简化时，主要考虑去掉对系统动作原理影响不大的元件，合并重复出现的元件或组件，用少量简单的元件符号代替复杂的元件符号，用简单和熟悉的元件符号代替复杂和不熟悉的元件。

3）重新绘制原理图

经过油路的简化和液压元件的省略或合并后，必须对原液压系统原理图进行整理，并重新绘制液压系统原理图。有时液压系统原理图的布局也会影响液压系统的阅读，因此在重新绘制液压系统原理图时，也可以适当调整液压系统原理图的布局，尽量减少液压系统原理图中油路连线的交叉，为同一个机构服务的液压元件尽可能集中在一起。

对油路进行整理和简化后，由于在原来的原理图上去掉了某些元件，此时就有可能需要对所有剩余的元件进行再一次重新编号。如果回路相对简单，也可以在整理和简化油路之前省略对元件进行重新编号的步骤，而是在对油路进行整理和简化后再对所有元件进行重新编号。

4. 划分子系统

将复杂的液压系统分解成多个子系统，然后分别对各个子系统进行分析，是阅读液压系统原理图的重要方法和技巧，也是使液压系统原理图的阅读条理化的重要手段。

1）子系统的划分方法

由多个执行元件组成的复杂液压系统主要依据执行元件的个数划分子系统，如果液压油源结构和组成复杂，也可以把液压油源单独划分成为一个子系统。只有一个执行元件的液压系统可以按照组成元件的功能来划分子系统。此外结构复杂的子系统有可能还需要进一步被分解成多个下一级子系统。总之，应该令原理图中所有的元件都能被划分到某一个子系统中。

2）子系统命名

子系统的个数和各个子系统的组成结构确定后，应该对各个子系统进行编号或命名，从而有利于子系统的分析和记录，尤其有利于分析子系统之间的连接关系。

在对各个子系统进行命名时，最好根据子系统在整个液压系统中的作用、特点及功能进行命名，可以使用中文名称进行命名，也可以使用汉语拼音首字母进行命名，还可以用数字方式进行命名。

3）重新绘制子系统原理图

重新绘制子系统原理图能够使子系统的划分更加明确，防止后续分析中出现丢失元件、各个子系统之间元件混淆等错误。

重新绘制子系统原理图时，应该把从液压油源到各个执行元件之间的所有元件都绘制出来，形成一个完整的液压回路，这样对后续子系统的工作原理分析更加有利。

如果液压油源机构复杂或液压油源被单独划分为一个子系统，则不要把液压油源包含到各个子系统的原理图中，而只需要在每个子系统和油源的断开处标注出油源供油即可。

有时有些液压元件同时在若干子系统中起作用，在绘制子系统原理图时，应该把该元件绘制在所有包含该元件的各个子系统中。

5. 分析子系统

对液压系统原理图中各个子系统进行工作原理及特性分析是液压系统原理图识读的关键环节，只有分析清楚各个液压子系统的工作原理，才能分析清楚整个液压系统的工作原理。

1）分析子系统的组成

在粗略分析液压系统原理图组成元件的基础上，结合具体工作机构和子系统，根据子系统液压元件图形符号，分析各个子系统组成元件的功能及原理，从而确定构成子系统的基本回路，以便结合基本回路知识对子系统进行工作原理分析。

2）确定子系统的动作过程及功能

根据子系统的组成结构把子系统归结为不同的基本回路，不同的基本回路具有不同的功能和动作过程，因此根据液压子系统组成元件的功能及子系统的组成结构，可以确定液压子系统的动作过程及能够实现的功能。

3）绘制油路路线图

分析子系统的工作原理主要是分析各个动作过程中液压系统油路的工作路线，各个动作过程中液压子系统的油路图是液压系统油路路线的一种直观表现形式。

绘制油路路线图时,可以在子系统原理图的基础上,把液压油经过的路线用加粗的实线和虚线或不同颜色的线表示,液压油的流向用箭头表示在油路路线上。

4)列写进、回油路路线

列写液压油路路线时,可使用箭头把液压油先后经过的液压元件连接起来。通常液压油路路线需要分别列写进油路路线和回油路路线。有时油路路线过于简单,也可以省略该油路路线。

5)列写电磁铁或液压阀动作顺序表

采用电磁换向阀的液压系统能够实现回路的自动控制和循环动作,因此作为液压系统的控制元件,电磁换向阀中电磁铁的通断与液压系统的动作密切相关。列写电磁铁动作顺序表能够更直观地体现液压子系统各个动作过程中控制元件的控制关系,对于液压系统原理图的识读具有十分重要的意义。

除电磁铁外,液压系统中的行程阀、位置开关、压力继电器等元件也是重要的控制元件,把这些元件的开关及工作情况也填写到动作顺序表中,更有利于液压子系统动作原理的分析。

在电磁铁动作顺序表中,把电磁铁通电、断电或液压阀的打开、关闭分别用"＋"和"－"号表示。

6. 确定子系统的连接关系

液压系统中各个子系统之间的连接关系是液压设备中各个执行元件之间实现互锁、同步、防干涉的重要保障,因此应该对各个子系统之间的连接关系进行分析。

1)串联方式

由多个换向阀控制的多个子系统,如果前一个换向阀的回油不直接回油箱,而是流入下一个换向阀的进油口,则该子系统的连接方式称为串联方式。

2)并联方式

多个换向阀的进油口都同时与一条总的进油路相连,各个回油口都与一条总的回油路相连,各个换向阀都可以单独进油和回油,进油和回油互不干扰,则该子系统的连接方式称为并联方式。

3)顺序单动方式

各个子系统的换向阀之间进油路串联、回油路并联,则该子系统的连接方式称为顺序单动方式。

4)复合方式

如果一个液压系统同时采用上述三种子系统连接方式中的两种或三种,则该液压系统的子系统连接方式称为复合方式。

5)合流

为提高液压系统某个执行机构的动作速度,有时双泵或多泵供油系统可以采用合流的方式,为执行机构提供尽可能多的流量,满足执行机构快速动作的需要。

7. 总结系统特点

对液压系统原理图中各个子系统的工作原理及子系统之间连接关系进行分析后,液压系统的工作原理已经基本分析清楚,最后如果能够对各液压系统的组成结构及工作特点进行总结，将有助于更进一步加深对所分析液压系统原理图的理解和认识。

对液压系统的特点进行总结，主要是从液压系统的组成结构和工作原理上进行，总结液压系统在设计上是怎样更好地满足液压设备的工作要求的。通常从液压系统实现动作切换和动作循环的方式、调速方式、节能措施、变量方式、控制精度以及子系统的连接方式等几个方面进行总结。

任务 2 正确选用液压元器件

2.1 液压泵的选用

在设计液压系统时，应根据设备液压系统的工作情况和其所需要的压力、流量、工作稳定性等来确定液压泵的类型和具体规格。表 8-2-1 为常用液压泵的一般性能比较，可供选择时参考。

表 8-2-1 常用液压泵一般性能比较

项目	齿轮泵	双作用叶片泵	限压式变量叶片泵	轴向柱塞泵	径向柱塞泵
工作压力/N	<20	6.3~21	≤7	20~35	10~20
转速范围/(r·min^{-1})	300~7 000	500~4 000	500~2 000	600~6 000	700~1 800
容积效率/%	0.7~0.95	0.8~0.95	0.8~0.9	0.9~0.98	0.85~0.95
总效率/%	0.6~0.85	0.75~0.85	0.7~0.85	0.85~0.95	0.75~0.92
功率重量比	中	中	小	大	小
流动量脉动率	大	小	中	中	中
自吸特性	好	较差	较差	较差	差
对污染的敏感性	不敏感	敏感	敏感	敏感	敏感
噪声	大	小	较大	大	大
寿命	较短	较长	较短	长	长
单位功率造价	最低	中等	较高	高	高
应用范围	机床、工程机械、农机、矿机、起重机	机床、注射机、液压机、起重机、工程机械	机床、注射机	工程机械、锻压机械、矿山机械、冶金机械、起重运输机械、船舶、飞机等	机床、液压机、船舶

一般负载小、功率小的液压设备，可用齿轮泵或双作用式定量叶片泵；精度较高的中、小功率的液压设备（如磨床），可用双作用式定量叶片泵；负载较大并有快速和慢速工作行程的液压设备（如组合机床等），可选用限压式变量叶片泵；负载大、功率大的液压设

备（如龙门刨床、拉床、液压压力机等），可选用径向柱塞泵或轴向柱塞泵；机械设备辅助装置的液压系统，如送料、定位、夹紧、转位等装置的液压系统，可选用造价较低的齿轮泵。

2.2 液压马达的选用

液压马达的选择需要考虑的因素很多，如转矩、转数、工作压力、排量、外形及连接尺寸、容积效率、总效率等。

1. 齿轮马达的选用

齿轮马达结构简单，制造容易，但转速脉动性较大，负载转矩不大，速度平稳性要求不高，噪声限制不严，适用于高转速低转矩的情况。所以，齿轮马达一般用于钻床、通风设备中。

2. 叶片马达的选用

叶片马达结构紧凑，外形尺寸小，运动平稳，噪声小，负载转矩小，一般适用于磨床回转工作台、机床操纵机构。

3. 摆线马达的选用

负载速度中等，体积要求小，一般适用于塑料机械、煤矿机械。

4. 柱塞马达的选用

轴向柱塞马达结构紧凑，径向尺寸小，转动惯量小，转速较高，负载大，有变速要求，负载转矩较小，低速平稳性要求高。所以一般用于起重机、绞车、铲车、内燃机车、数控机床、行走机械；径向柱塞马达负载转矩较大，速度中等，径向尺寸大，较多应用于塑料机械、行走机械等；内曲线径向马达负载转矩较大，转速低，平稳性高，用于挖掘机、拖拉机、起重机、采煤机等。

液压马达的种类很多，可针对不同的工况进行选择。低速运转工况可选低转速马达，也可以采用高速马达加减速装置。在这两种方案的选择上，应根据结构及空间情况、设备成本、驱动转矩是否合理等进行选择。确定所采用马达的种类后，可根据液压马达产品的技术参数概览表选出几种规格，然后进行综合分析，加以选择。

2.3 液压缸的选用

液压缸的选用，首先应考虑工况及安装条件，然后再确定液压缸的主要参数及标准附件和其他附件。使用工况及安装条件如下：

1. 工作中有剧烈冲击时，液压缸的缸筒、端盖不能用脆性材料，如铸铁。
2. 采用长行程液压缸时，需要综合考虑选用足够刚度的活塞杆和安装中间圈。
3. 当工作环境污染严重，有较多的灰尘、风沙、水分等杂质时，需采用活塞杆防护套。
4. 安装方式与负载导向直接影响活塞杆的稳定性，也影响活塞杆直径的选择。

按负载的重、中、轻型，推荐表 8-2-2 所示的安装方式和导向条件。

1. 缓冲机构的选用

一般认为普通液压缸在工作压力 >10 MPa、活塞速度 >0.1 m/s 时，应采用缓冲装置或其他缓冲办法。这只是一个参考条件，主要还要看具体情况和液压缸的用途。例如，要求速度变化缓慢的液压缸，当活塞速度≥0.05~0.12 m/s时，也需要采用缓冲装置。

表8-2-2 安装方式与负载导向参考表

负载类型	推荐安装方式	作用力承受情况	负载导向情况	负载类型	推荐安装方式	作用力承受情况	负载导向情况
重型	法兰安装	作用力与支承中心在同一轴线上	导向	中型	耳环安装	作用力与支承中心在同一轴线上	导向
	耳轴安装		导向		法兰安装		导向
	底座安装	作用力与支承中心不在同一轴线上	导向		耳轴安装		导向
	后球铰	作用力与支承中心在同一轴线上	不要求导向	轻型	耳环安装	作用力与支承中心在同一轴线上	可不导向

2. 密封装置的选用

选用合适的密封圈和防尘圈。

3. 工作介质的选用

按照环境温度可初步选定工作介质的品种：
（1）在正常温度（-20℃~60℃）下工作的液压缸，一般采用石油型液压油；
（2）在高温（>60℃）下工作的液压缸，需采用难燃液及特殊结构液压缸。

2.4 液压阀的选用

液压传动系统中选择合适的液压阀，是使系统的设计合理、性能优良，安装、维修方便，并保证该系统正常工作的重要条件。除按系统功能需要选择液压控制阀的类型以外，还要考虑各个阀的额定压力、通过流量、安装形式、动作形式、动作方式、性能特点等。

1. 液压阀额定压力的选择

可根据系统设计的动作压力选择相应压力级的液压阀，并且使系统的工作压力适当低于产品标明的额定压力值；高压系列的液压阀，一般都能适用于该额定压力以下所有的工作压力范围。对液压阀流量参数的选择以产品标明的公称流量为依据。如果产品能提供通过不同流量时的有关系能曲线，则对元器件的选择使用就更为合理了。

一个液压系统各部分回路通过的流量不可能都相同。因此，不能单纯根据液压泵的额定输出流量来选择阀的流量参数，而应该考虑到液压系统在所有设计工作状态下各部分阀的可能通过的最大流量。如换向阀的选择则要考虑如果系统中采用差动液压缸，在液压缸换向动作时，无杆腔排出的流量比有杆腔排出的流量大许多，甚至可能比液压泵输出的最大流量还要大；再如选择节流阀、调速阀时，不仅要考虑可能通过该阀的最大流量，还应考虑到该阀的最小稳定流量指标；又如某些回路通过的流量比较大，如果选择与该流量相当的换向阀，在换向动作时可能产生较大的压力冲击，为了改善系统工作系能，可选择大一档规格的换向阀；某些系统，大部分工作状态下通过的流量不大，偶尔会有大流量通过，考虑到系统布置的紧凑，以及阀本身工作性能的允许，或者压力损失的瞬时增加，在许可的情况下，仍按大部分工作状况下的流量规格选取，允许阀在短时超流量状态下使用。

2. 液压阀安装方式的选择

液压阀安装方式的选择是指液压阀与系统管路或其他阀的进、出油口的连接形式。一般有三种：螺纹连接型、板式连接型和法兰连接型。安装方式的选择，要根据所选择的液压阀的规格大小，以及系统的简繁及布置特点而定。螺纹连接型，是液压阀的各进、出油口直接靠螺纹管接头与系统管道或其他阀的进、出油口相连。适合系统较简单，元件较少，安装位置又较宽敞的场合。板式连接型是先将板式液压阀安装在专用的连接底板上，再在连接板的底面或侧面用螺纹管接头与外部管道相连。适合系统较复杂，元件较多，且安装位置较紧凑的场合。法兰连接型一般用于大口径的阀，阀与管道之间用法兰连接。

3. 液压阀控制方式的选择

液压阀控制方式有手动控制、机械控制、液压控制或电气控制等多种类型，可根据系统的操纵需要和电气系统的配置能力进行选择。如小型的不常用的系统，工作压力的调整，可直接靠人工调节溢流阀进行；如果溢流阀的安装位置离操作位置较远，直接调节不方便，则可以安装远程调压阀，以进行远距离控制；如果液压泵启闭频繁，则可以选择电磁溢流阀，以便采用电气控制，还可以选择初始或中间位置能是滚压泵卸荷的换向阀，以获得同样的要求。在某些场合，为简化电气控制系统并使操作简便，则宜选用手动换向阀等。

4. 液压阀结构形式的选择

液压系统性能要求不同，对所选择的液压阀的性能的要求也不同。而许多性能又受到结构特点的影响，如用于保护系统的安全阀，要求反应灵敏，压力超调量小，以避免的冲击压力，且能吸收换向阀换向时产生的冲击。这就是选择能满足上述要求的元件。

对换向要求快的系统，一般选择交流型电磁铁的换向阀；反之，对换向速度要求慢的系统，则可选择直流型电磁铁的换向阀。如液压系统对阀芯复合和对中性能要求特别严格，可选择液压对中型结构。

如果一般的流量阀由于温度或压力的变化而不能满足执行机构运动的精度要求，则要选择带压力补偿装置或温度补偿装置的调速阀。如使用液控单向阀，且反向出油背压较高，但控制压力又不可能提的很高的场合，则应选择外泄式或先导式。

总之，对一个液压系统的设计者来说，应对国内外液压阀的生产情况有较全面的了解。尤其是对国内引进液压阀的生产品种、各类液压阀的性能、新老产品的更换、同类产品的代用或改用，以及对生产厂的了解，才能在选择使用液压阀时更正确合理。液压阀的选择正确与否，对系统的成败有很大的关系，必须认真对待。

任务 3　1HY40 型动力滑台液压系统的装调与检测

3.1　系统简介

组合机床液压动力滑台是组合机床实现进给运动的一种通用部件，根据加工工艺需要可在滑台台面上装动力箱、多轴箱或各种专用的切削头等工作部件，以完成钻、扩、铰、铣、镗、刮端面、倒角、攻螺纹等加工工序，并可实现多种工作循环。对液压动力滑台液压系统性能要求主要是工作可靠，换速平稳，进给速度稳定，功率利用合理和系统效率高。现以1HY40型动力滑台为例介绍其液压系统的工作原理和装调方法。

图 8-3-1 所示是 1HY40 型液压动力滑台的液压系统图。该滑台的进给速度范围为 0.012 5 ~ 0.50 m/min，最大运动速度为 8.0 m/min，最大进给力为 20 000 N。该液压系统可实现多种工作循环（见图 8-3-2）。

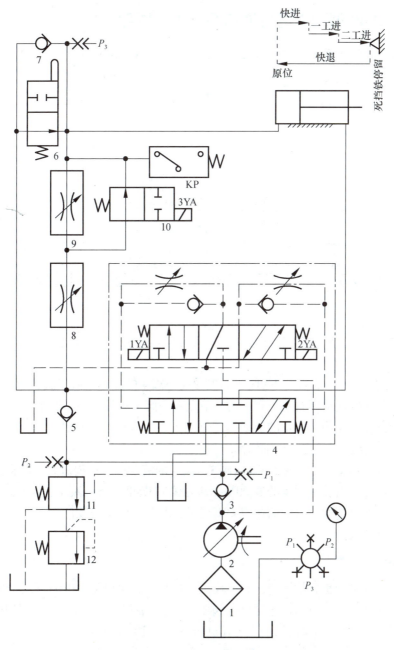

图 8-3-1　1HY40 型动力滑台液压系统

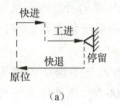 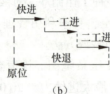 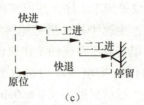 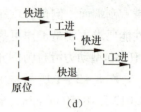

　　(a)　　　　　　　(b)　　　　　　　(c)　　　　　　　(d)

图 8-3-2　动力滑台工作循图

3.2　1HY40 型动力滑台液压系统工作原理

在阅读和分析液压系统图时，可参考电磁铁和行程阀的动作顺序表 8-3-1。

表 8-3-1　电磁铁和行程阀动作顺序表

动　作	电磁铁			行程阀 6	KP
	1YA	2YA	3YA		
快进	+	-	-	-	-
一工进	+	-	-	+	-
二工进	+	-	+	+	-
死挡铁停留	+	-	+	+	+
快退	-	+	-	±	-
原位停止	-	-	-	-	-

注："+"表示电磁铁通电、压下行程阀或压力继电器动作；"-"表示电磁铁断电、松开行程阀或压力继电器复位。

1. 快速前进

按下启动按钮，电磁铁 1YA 通电，电液换向阀 4 的先导阀左位接入系统，这时控制油路为：

进油路：过滤器 1→变量泵 2→阀 4 的先导阀→阀 4 的左单向阀→阀 4 的液动阀左端；

回油路：阀 4 的液动阀右端→阀 4 的右节流阀→阀 4 的先导阀→油箱。

在控制油液压力作用下阀 4 的液动阀左位接入系统，这时因负载较小，系统压力较低，液控顺序阀 11 处于关闭状态，主油路为：

进油路：过滤器 1→变量泵 2→单向阀 3→阀 4 的液动阀→行程阀 6→液压缸左腔；

回油路：液压缸右腔→阀 4 的液动阀→单向阀 5→行程阀 6→液压缸左腔。

液压缸左右两腔都通压力油而形成差动快进，此时系统压力较低，限压式变量泵 2 输出流量为最大，滑台快速前进。

2. 第一次工作进给

当滑台快速前进到预定位置时，其挡块压下行程阀 6 而切断快进油路，此时泵 2 输出的油液只能经调速阀 8 和二位二通电磁换向阀 10 而进入液压缸左腔，相应系统压力升高，液控顺序阀 11 打开，滑台切换为第一次工作进给运动，主油路为：

进油路：过滤器 1→变量泵 2→单向阀 3→阀 4 的液动阀→调速阀 8→换向阀 10→液压缸左腔；

回油路：液压缸右腔→阀 4 的液动阀→液控顺序阀 11→背压阀 12→油箱。

限压式变量泵 2 的输出流量随系统压力升高而自动减小，与调速阀 8 调节的流量相适应，第一次工作进给速度由调速阀 8 调节控制。

3. 第二次工作进给

当滑台第一次工作进给到预定位置时，其挡块压下相应的电气行程开关（图中未画出）而发出电信号，使电磁铁 3YA 通电，换向阀 10 右位接入系统，这时压力油须经调速阀 8 和 9 而进入液压缸左腔，液压缸右腔的回油路线与第一次工作进给时相同。因调速阀 9 调节的通流面积比调速阀 8 小，故滑台工作进给运动速度降低为第二次工作进给，其速度由调速阀 9 调节确定。

4. 死挡铁停留

当滑台第二次工作进给终于碰到死挡铁后，滑台即停止前进，这时液压缸左腔压力升高，使压力继电器 KP 动作而发出电信号给时间继电器，其停留时间由时间继电器控制。设置死挡铁可提高滑台停止的位置精度。

5. 快速退回

滑台停留结束，时间继电器发出电信号，使电磁铁 1YA、3YA 断电而 2YA 通电，阀 4 的先导阀右位接入系统，这时控制油路为：

进油路：过滤器 1→变量泵 2→阀 4 的先导阀→阀 4 的右单向阀→阀 4 的液动阀右端；

回油路：阀 4 的液动阀左端→阀 4 的左节流阀→阀 4 的先导阀→油箱。

在控制油液压力作用下阀 4 的液动阀右位接入系统，主油路为：

进油路：过滤器 1→变量泵 2→单向阀 3→阀 4 的液动阀→液压缸右腔；

回油路：液压缸左腔→单向阀 7→阀 4 的液动阀→油箱。

由于滑台退回时负载小，系统压力较低，泵 2 的流量自动增至最大，则滑台快速退回。

6. 原位停止

当滑台快逼到原位时，其挡块压下原位电气行程开关（图中未示出）而发出电信号，使电磁铁 2YA 断电，阀 4 的先导阀和液动阀都回到中位，液压缸进回油口被封闭，滑台原位停止。这时泵 2 输出的油液经单向阀 3 和阀 4 的液动阀中位流回油箱，泵实现低压卸荷。

单向阀 3 的作用是在泵卸荷时，使控制油液仍保持一定压力，以保证阀 4 的先导阀电磁铁通电时液动阀能启动换向。

3.3 系统的特点

从以上分析可知，该系统主要采用了限压式变量泵和调速阀组成的容积节流调速回路，单活塞杆液压缸差动连接增速回路，电液换向阀换向回路（三位换向阀卸荷回路、门行程阀和电磁换向阀换速回路），串联调速阀二次进给回路等。这些基本回路决定了系统的主要性能，其特点如下：

1. 采用调速阀进油节流调速回路，保证了稳定的低速进给运动、较好的速度刚性和较大的调速范围。在回油路上设置背压阀改善了运动平稳性。

2. 限压式变量泵在快速时能输出最大的流量，在工作进给时所输出流量与调速阀控制的流量相适应，在死挡铁停留时仅输出补偿系统泄漏所需流量，在滑台原位停止时泵低压卸荷，快进时液压缸差动连接，可见在泵的选择和功率利用方面都需经济合理，系统效率高，发热小。

3. 采用行程阀和液控顺序阀实现快进、一工进切换，换速平稳，动作可靠，切换位置精度高。至于第一、二次工作进给运动的切换，因工作进给速度较低，采用电磁换向阀换速完全能保证换速平稳和切换位置精度。

4. 电液换向阀的换向时间可调，滑台换向平稳性好。

5. 采用调速阀进油节流调速，快进、一工进切换由行程阀和液控顺序阀实现，电气控制电路简单可靠。

3.4 系统的安装

液压系统由各液压元件经管通、管接头和油路板（或集成块）等有机地连接而成。因此，液压系统安装是否正确合理，对其工作性能有着重要影响。

1. 安装前的准备工作

液压系统在安装前应按有关技术资料作好准备工作。

1）技术资料的准备与熟悉

设备的液压系统图、电气原理图、管道布置图、液压元件及辅助元件清单和有关元件样本等技术资料，在安装前应备齐，并熟悉其内容与要求。

2）物质准备与质量检查

按液压系统图、液压元件和辅助元件清单进行物质准备，同时认真检查元件质量，对于仪表，必要时应重新进行校验，以保证其工作灵敏、准确和可靠。

2. 液压元件安装

液压元件安装时应注意以下几方面：

（1）注意各油口的位置不能接错，不用的油口应堵上。

（2）液压泵输入轴与原动机驱动轴的同轴度应控制在 $\phi0.1$ mm 以内，安装好后，用手转动联轴器时，应轻松无卡滞现象。

（3）液压缸轴线与移动机构导轨面的平行度一般应控制在 0.1 mm 以内，安装好后，用手推拉工作台时，应灵活轻便无局部卡滞现象。

（4）方向控制阀一般应保持轴线水平安装，蓄能器一般应保持轴线竖直安装。

（5）各种仪表的安装位置应考虑便于观察和维修。

（6）安装时应强调清洁，不准戴手套进行安装，不准用纤维织品擦拭结合面，以防纤维类脏物侵入阀内。

（7）同一组紧固螺钉受力应均匀，各连接件要牢固可靠。

（8）阀类元件安装完毕后，应使调压阀的调节手柄（螺钉）处于放松状态；而流量阀的调节手柄（螺钉）应处于使阀关闭的状态；换向阀的阀芯位置应尽量处于原理图所示位置。

3. 液压管道安装

液压管道安装一般在所连接设备及液压元件安装完毕后进行，在管道正式安装前要进行配管试装。管道试装合适后，先编管号再将其拆下，以管道最高工作压力的 1.5~2 倍的试验压力进行耐压试验。试压合格后，可按"脱脂液脱脂→水冲洗→酸洗液酸洗→水冲洗→中和液中和→钝化液钝化→水冲洗→干燥+喷涂防锈油（剂）"的工序进行酸洗。酸洗后，即可转入正式安装。管道安装应注意以下几方面：

（1）管道的布置要整齐，长度应尽量短，直角转弯应尽量少，同时应便于装拆、检修，不妨碍生产人员行走和设备运转。

（2）管道外壁与相邻管件轮廓边缘的距离应大于 10 mm，长管道应用支架固定。

（3）管道与设备、液压元件连接，不应使设备和液压元件承受附加外力。

（4）管道连接时，不得用加热管道、加偏心垫或多层垫等强力对正方法来消除接口端面的空隙、偏差、错口或不同心等缺陷。

（5）软管连接时，应避免急弯（最小弯曲半径应在 10 倍管径以上），不应处于受拉状态，一般应有 4% 左右的长度余量；与管接头的连接处应有一段直线过渡部分，其长度不应小于管通外径的两倍；在静止或随机移动时，管道本身不得扭曲变形。

（6）吸油管与液压泵吸油口处应密封良好；液压泵的吸油高度一般不应大于 500 mm；在吸油管口上应设置过滤器。

（7）回油管口应尽量远离吸油管口而伸至距油箱底面两倍管径处；回油管口应斜切成 45°，且斜口向箱壁一侧；溢流阀的回油管不得和液压泵的吸油口连通，要单独接回油箱；凡外部有泄油口的阀（如减压阀、顺序阀、液控单向阀等），其泄油口与回油管相通时，不允许在总回油管上有背压，否则应单独设置泄油管通油箱。

（8）管道安装间歇期间，各管口应严密封闭。

3.5 系统的调整

1. 滑台运动速度的调整

1）准备工作

（1）根据限压式变量泵 2 的说明书或有关资料，在坐标纸上绘出图 8-3-3 所示泵 2 的流量压力特性曲线 ABC；

（2）根据机床工艺要求，初步确定快进和工进（第一、二次工作进给都可以）时泵 2 的压力（$p_{快}$、$p_{工}$）及流量（$q_{v快}$、$q_{v工}$）；

（3）根据已确定的 $p_{快}$、$q_{v快}$ 和 $p_{工}$、$q_{v工}$，在图 8-3-3 上作出 k 点和 g 点，再通过 k 点作 AB 的平行线 A'B'，通过 g 点作 BC 的平行线 B'C'，A'B' 和 B'C' 相交于 B' 点，曲线 A'B'C' 即可供调整泵 2 时参考；

（4）准备秒表、百分表和钢直尺。

2）调整

（1）首先使压力计开关接通 p_1 测压点，让滑台处于死

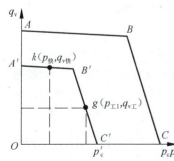

图 8-3-3 限压式变量泵的流量压力特性曲线

挡铁停留状态（为了便于调整，可将时间继电器的延时暂时调至最长），调节泵2的压力调节螺钉4（见图8-3-1）直到压力计读数为图8-3-3所示极限压力p'_c。再锁紧；

(2) 适当拧紧液控顺序阀11的调节手柄（保证液压缸能形成差动连接），再按下启动按钮使滑台快速前进，同时用钢直尺和秒表测快进速度，并调节泵2的流量调节螺钉1直至测得快进速度符合要求再锁紧；

(3) 将调速阀8全开，背压阀12的调节手柄拧至最松，使滑台从原位开始运动，先观察快进时测压点的最大压力，并判断是否低于泵2的调定压力P'_s，（若高于，应重新调高P'_c），当其挡块压下行程阀6后，逐渐关小调速阀8，同时观察液控顺序阀11打开（可从回油情况或滑台速度突变判断）时P_1测压点的压力，液控顺序阀11打开时的压力比快进时最大压力高0.5~0.8 MPa即可；若差值不符合要求，则应根据差值微调液控顺序阀11直至符合要求，再锁紧液控顺序阀11的调节手柄；

(4) 先将调速阀8关闭，使滑台处于第一次工作进给状态（无切削工进），再慢慢开大调速阀8，同时用秒表和钢直尺（工作速度很低时用百分表）测速度，当速度符合第一次工作进给速度要求后，锁紧调速阀8的调节手柄，然后使滑台处于第二次工作进给状态（无切削工进），用同样方法调整第二次工作进给速度；

(5) 使压力计开关接通P_2测压点，使滑台处于工作进给状态，调节背压阀12的调节手柄，使压力计读数为0.3~0.5 MPa，再锁紧阀12的调节手柄；

(6) 测几次有工件试切的实际工作循环各阶段的速度，若发现快进和快退速度高了，可微调泵2的流量调节螺钉1直至符合要求再锁紧；若发现快进和快退速度不稳定，微量拧进泵2的压力调节螺钉4，并重新调节泵2的流量调节螺钉1直至符合要求再锁紧；若发现工进速度低了且不稳定，应微量拧进泵2的压力调节螺钉4直至符合要求后再锁紧。

2. 滑台工作循环的调整

(1) 根据工艺要求调整死挡铁位置；

(2) 使压力计开关接通p_3测压点，将压力继电器KP的调节螺钉11拧进1~2转，经压力计观察有工件切削工进时的最大压力和碰到死挡铁后压力继电器KP的动作压力，若动作压力比工进时的最大压力高0.3~0.5 MPa，同时比泵2的极限压力低0.3~0.5 MPa即调整完毕；若差值不符合要求，应再微调压力继电器KP的调节螺钉11和（或）泵2的压力调节螺钉4直至符合要求为止；

(3) 对于图8-3-2（a）和8-3-2（c）所示工作循环还应根据镗阶梯、锪端面等工艺要求调节时间继电器的延时时间；

(4) 根据运动行程要求调整挡块位置，根据工作循环调整控制方案。如图8-3-2（a）所示工作循环，取掉控制第一、二次工作进给切换的挡块（调速阀9始终被短接），调整控制原位停止和快进转工进的挡块位置即可实现；图8-3-2（b）所示工作循环，将时间继电器的延时时间调整为零，调整各挡块的位置即能实现；图8-3-2（d）所示工作循环，在8-3-2（a）所示工作循环调整方案基础之上，改变控制快进转工进挡块工作表面的形状并将时间继电器延时时间调为零，再调整控制原位停止挡块的位置即能实现。

项目9　自动生产线的组装与调试

任务1　认识 YL-235A 型模拟自动生产线实训设备

1.1　设备概述

亚龙 YL-235A 型光机电一体化实训考核装置,如图 9-1-1 所示。其包含了机电一体化专业所涉及的基础知识和专业知识,包括了基本的机电技能要求,也体现了当前先进技术的应用。它为学生提供了一个典型的、可进行综合训练的工程环境,为学生构建了一个可充分发挥学生潜能和创造力的实践平台。在此平台上可实现知识的实际应用、技能的综合训练和实践动手能力的客观考核。

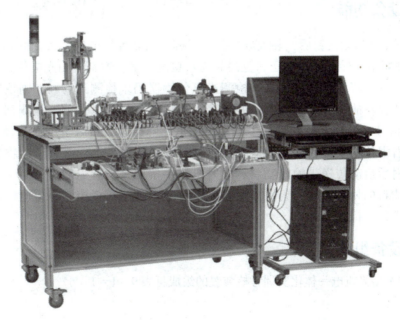

图 9-1-1　YL-235A 型光机电一体化实训考核装置

亚龙 YL-235A 型光机电一体化实训考核装置由铝合金导轨式实训台、典型的机电一体化设备的机械部件、PLC 模块单元、触摸屏模块单元、变频器模块单元、按钮模块单元、电源模块单元、模拟生产设备实训模块、接线端子排和各种传感器等组成。整体结构采用开放式和拆装式，实训装置用于机械部件组装，可根据现有的机械部件组装生产设备，也可添加机械部件组装其他生产设备，使整个装置能够灵活的按教学或者竞赛要求组装成具有模拟生产功能的机电一体化设备。模块采用标准结构和抽屉式模块放置架，互换性强；按照具有生产性功能和整合学习功能的原则确定模块内容，使教学或竞赛时可方便的选择需要的模块。该系统包含了机电一体化专业学习中所涉及的诸如电动机驱动、机械传动、气动、触摸屏控制、可编程控制器、传感器、变频调速等多项技术，为学生提供了一个典型的综合实训环境，使学生对过去学过的诸多单科的专业和基础知识，在这里能得到全面的认识、综合的训练和实际运用。

1.2　设备结构

该装置配置了触摸屏模块、可编程控制器（PLC）、变频器装置、气动装置、传感器、气动机械手装置、上料器、送料传动和分拣装置等实训机构。整个系统为模块化结构提供开放式实训平台，实训模块可根据不同的实训要求进行组合；同时学校还可以根据教学需要，配置不同品牌的（PLC）模块和变频器模块以及触摸屏模块，也可以增加其他实训模块。系统的控制部分采用触摸屏模块和可编程控制器（PLC），执行机构由气动电磁阀—气缸构成的气压驱动装置，实现了整个系统自动运行，并完成物料的分拣。整个实训考核装置的模块之间连接方式采用安全导线连接，以确保实训和考核的安全。

1.3　设备功能

在触摸屏上按启动按钮后，装置进行复位过程，当装置复位到位后，由PLC启动送料电动机驱动放料盘旋转，物料由送料盘滑到物料检测位置，物料检测光电传感器检测：如果送料电动机运行若干秒钟后，物料检测光电传感器仍未检测到物料，则说明送料机构已经无物料或存在故障，这时要停机并报警；当物料检测光电传感器检测到有物料，将给PLC发出信号，由PLC驱动机械手臂伸出手爪下降抓物，然后手爪提升臂缩回，手臂向右旋转到右限位，手臂伸出，手爪下降将物料放到传送带上，落料口的物料检测传感器检测到物料后启动传送带输送物料，同时机械手按原来位置返回进行下一个流程；传感器则根据物料的材料特性、颜色特性进行辨别，分别由PLC控制相应电磁阀使气缸动作，对物料进行分拣。

1.4　设备组成

YL-235A型光机电一体化实训考核装置的组成见表9-1-1。

表9-1-1　YL-235A型光机电一体化实训考核装置的组成

序号	名称	型号及规格	数量	单位
1	实训桌	1 190 mm × 800 mm × 840 mm	1	张
2	触摸屏模块单元	步科 EV5000	1	块
3	PLC模块单元	三菱 FX2N-48MR	1	台
4	变频器模块单元	三菱 E700	1	台
5	电源模块单元	三相电源总开关（带漏电和短路保护）1个，熔断器3只，单相电源插座2个，安全插座5个	1	块
6	按钮模块单元	24 V/6 A、12 V/2 A各一组，急停按钮1只，转换开关2只，蜂鸣器1只，复位按钮黄、绿、红各1只，自锁按钮黄、绿、红各1只，24 V指示灯黄、绿、红各2只	1	
7	物料传送机部件	直流减速电动机（24 V，输出转速6 r/min）1台，送料盘1个，光电开关1只，送料盘支架1组	1	套
8	气动机械手部件	单出双杆气缸1只，单出杆气缸1只，气手爪1只，旋转气缸1只，电感式接近开关2只，磁性开关5只，缓冲阀2只，非标螺丝2只，双控电磁换向阀4只	1	套
9	皮带输送机部件	三相减速电动机（380 V，输出转速40 r/min）1台，平皮带1 355×49×2 mm 1条，输送机构1套	1	套
10	物件分拣部件	单出杆气缸3只，金属传感器1只，光纤传感器2只，光电传感器1只，磁性开关6只，物件导槽3个，单控电磁换向阀3只	1	套
11	接线端子模块	接线端子和安全插座	1	块
12	物料	金属物料5个，尼龙黑、白物料各5个	1	块
13	安全插线		1	套
14	气管	φ4/φ6	1	套
15	PLC编程线缆		1	条

1.5　设备工作流程

YL-235A型光机电一体化实训考核装置的工作流程如图9-1-2所示。

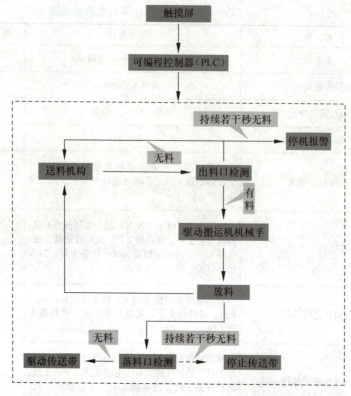

图9-1-2 YL-235A型光机电一体化实训考核装置工作流程

任务2 皮带输送机构的装调与检测

2.1 设备描述

物料传送及分拣机构为YL-235A型光机电一体化设备的终端,物料传送及分拣机构主要实现对入料口落下的物料进行输送,并按物料性质进行分类存放的功能,其工作原理如图9-2-1所示。

物料传送及分拣机构的结构如图9-2-2所示。

2.2 任务实施

根据制定的施工计划,按照顺序对物料传送及分拣机构实施组装,施工中应注意及时调整进度,保证定额。施工时必须严格遵守安全操作规程,加强安全保障措施,确保人身和设备的安全。

1. 机械装配

1)机械装配前的准备工作

按照要求清理现场、准备图样及工具,并安排装配流程。

项目9 自动生产线的组装与调试

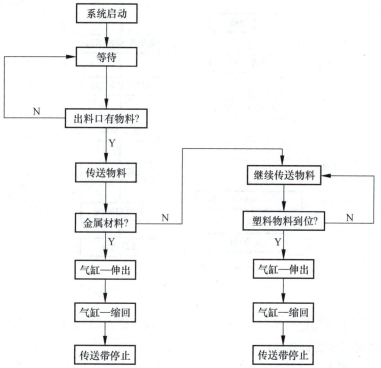

图9-2-1 物料传送及分拣机构工作原理

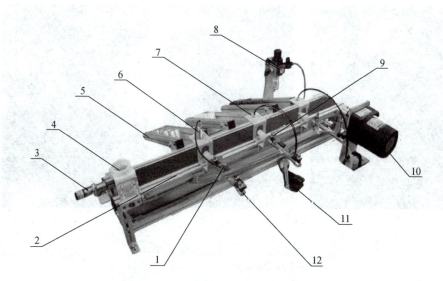

图9-2-2 物料传送及分拣机构实物图

1—磁性开关D-C73；2—传送分拣机构；3—落料口传感器；4—落料口；5—料槽；
6—电感式传感器；7—光纤传感器；8—过滤调压阀；9—节流阀；
10—三相异步电动机；11—光纤放大器；12—推料气缸

2）机械装配步骤

按图9-2-3组装物料传送及分拣机构。

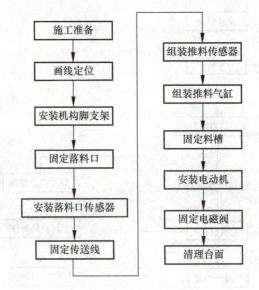

图9-2-3 物料传送及分拣机构的组装流程

(1) 画线定位。根据物料传送及分拣机构装配示意图对机构支架、三相异步电动机和电磁换向阀的固定尺寸进行画线定位。

(2) 安装机构脚支架。如图9-2-4所示，固定传送线的四只脚支架。注意装脚支架的时候应调节四只脚支架的位置相同，使传送线处于水平状态。

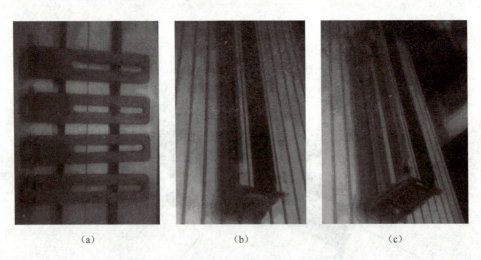

图9-2-4 安装机构脚支架
(a) 脚支架；(b) 传送线；(c) 安装好的机构脚支架

(3) 固定落料口。如图9-2-5所示，根据装配示意图固定落料口。固定时应注意不可将传送线左右颠倒，否则将无法安装三相异步电动机。落料口的位置相对于传送线的左侧需存有一定距离，以此保证物料能平稳地落在传送带上，不致因物料与传送带接触面积过小而出现物料的倾斜、翻滚或漏落现象。

(4) 安装落料口传感器。根据装配示意图安装落料口传感器，如图9-2-6所示。

(5) 固定传送线。根据要求将传送线固定在要求的位置。

项目9 自动生产线的组装与调试

(a) (b)

图9-2-5 固定落料口

(a) 落料孔；(b) 落料口固定好了的传送线

(a) (b)

图9-2-6 安装落料口传感器

(a) 光电传感器；(b) 安装好的落料口传感器

(6) 组装推料传感器。将推料传感器在其支架上装好后，再根据装配示意图将支架固定在传送线上，如图9-2-7所示。

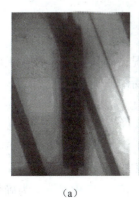  

(a) (b) (c)

图9-2-7 组装推料传感器

(a) 光纤放大器；(b) 光纤传感器；(c) 电感式传感器

(7) 组装推料气缸。在推料气缸上固定磁性传感器，装好支架后固定在传送线上，如图9-2-8所示。

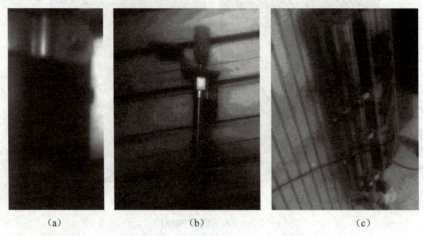

图9-2-8 组装启动推料传感器
(a) 磁性开关；(b) 推料气缸；(c) 组装完成

(8) 固定料槽。根据装配示意图将料槽一和料槽二分别固定在传送线上，并调整与其对应的推料气缸，使二者保持同一中性线，确保推料准确。

(9) 安装电动机。三相异步电动机装好支架、柔性联轴器后，将其支架固定在定位处。固定前应调整好电动机的高度、垂直度，使电动机与传送带同轴。完成后，试旋转电动机，观察两者连接、运转是否正常。

(10) 固定电磁阀将电磁阀固定到指定的位置。

(11) 清理设备台面，保持台面无杂物或多余部件。

2. 气动回路的连接

(1) 气路连接前的准备。按照要求检查空气压缩机的状态、准备图样及工具，并安排气动回路的连接步骤。

(2) 气路连接要求。管路连接时，应避免直角或锐角弯曲，尽量平行布置，力求走向合理且气管最短。

3. 设备调试

1) 设备调试前的准备

按要求清理设备、检查机械装配、电路连接、气路连接等情况，确认其安全性、正确性。在此基础上确定调试流程，本设备的调试流程如图9-2-9所示。

2) 模拟调试

(1) PLC静态调试。

(2) 气动回路手动调试。

① 接通空气压缩机电源，启动空气压缩机压缩空气，等待气源充足。

② 将气源压力调整到0.4~0.5 MPa后，开启气动二联件上的阀门给机构供气。为确保工作在无气体泄漏环境下进行，施工人员需观察气路系统有无泄漏现象，若有，应立即解决。

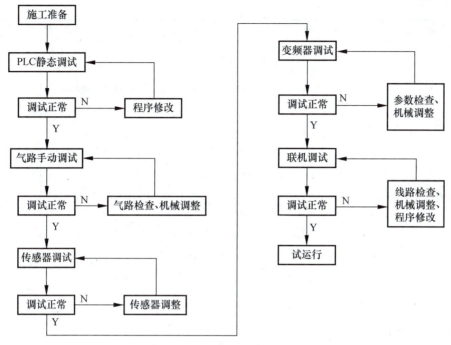

图9-2-9 调试流程

(3) 在正常压力工作下,对推料一气缸和推料二气缸气动回路进行手动调试,直至机构动作完全正常为止。

(4) 调整节流阀至合适开度,使推料气缸的运动速度趋于合理,避免动作速度过快而打飞物料、速度过慢而打偏物料。

4. 设备验收

物料传送及分拣机构的装调验收要求参考表9-2-1。

表9-2-1 物料传送及分拣机构的装调验收要求

验收项目及要求		配 分	配分标准	扣 分	得 分	备 注
设备组装	1. 设备部件安装可靠,各部件衔接准确 2. 电路安装正确,接线规范 3. 气路连接正确,规范美观	35	1. 部件安装位置错误,每处扣2分 2. 部件衔接不到位、零件松动,每处扣2分 3. 电线连接错误,每处扣2分 4. 导线反圈、压皮、松动,每处扣2分 5. 错、漏编号,每处扣2分 6. 导线未入线槽、布线凌乱,每处扣2分 7. 气路连接错误,每处扣2分 8. 气路漏气、掉管,每处扣2分 9. 气管过长、过短、乱接,每处扣2分			
设备功能	1. 设备启停正常 2. 传送带运转正常 3. 金属物料分拣正常 4. 熟料物料分拣正常 5. 变频器常数设置正确	60	1. 设备未按要求启动或停止,扣10分 2. 传送带未按要求运转,扣10分 3. 金属物料未按要求分拣,扣10分 4. 熟料物料未按要求分拣,扣10分 5. 变频器参数未按要求设置,扣10分			

续表

验收项目及要求	配 分	配分标准	扣 分	得 分	备 注
设备附件 资料齐全，归类有序	5	1. 设备组装图缺少，每处扣2分 2. 电路图、梯形图、气路图缺少，每处扣2分 3. 技术说明书、工具明细表、元件明细表缺少，每处扣2分			
安全生产 1. 自觉遵守安全文明生产规程 2. 保持现场干净整洁，工具摆放有序		1. 漏接接地线一处，扣5分 2. 每违反一项规定，扣3分 3. 发生安全事故，0分处理 4. 现场凌乱，乱放工具、乱丢杂物，完成任务后不清理现场扣5分			
时间	5 h	提前正确完成，每5 min 加5分 超过定额时间，每5 min 扣5分			
开始时间：		结束时间：	实际时间：		

2.3 相关知识

1. 相关名词解释

（1）落料孔传感器：检测是否有物料到传送带上并给PLC一个输入信号。

（2）落料孔：物料落料位置定位。

（3）料槽：放置物料。

（4）电感式传感器：检测金属材料，检测距离为3~5 mm。

（5）光纤传感器：用于检测不同颜色的物料，可通过调节光纤放大器来区分不同颜色的灵敏度。

（6）三相异步电动机：驱动传送带转动，由变频器控制。

（7）推料气缸：将物料推入料槽，由电磁阀控制。

2. 电磁阀

1）双向电磁阀（如图9-2-10所示）

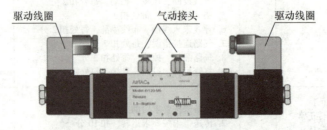

图9-2-10 双向电磁阀

双向电磁阀用来控制气缸进气和出气，从而实现气缸的伸出、缩回运动。电磁阀内装的红色指示灯有正负极性，如果极性接反了也能正常工作，但指示灯不会亮。

2) 单向电磁阀（如图 9-2-11 所示）

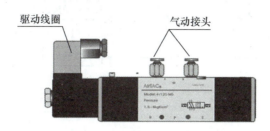

图 9-2-11　单向电磁阀

单向电磁阀用来控制气缸单个方向运动，实现气缸的伸出、缩回运动。与双向电磁阀的区别在于双向电磁阀初始位置是任意的，可以随意控制两个位置，而单向电磁阀初始位置是固定的，只能控制一个方向。

3. **气动原理图**（如图 9-2-12 所示）

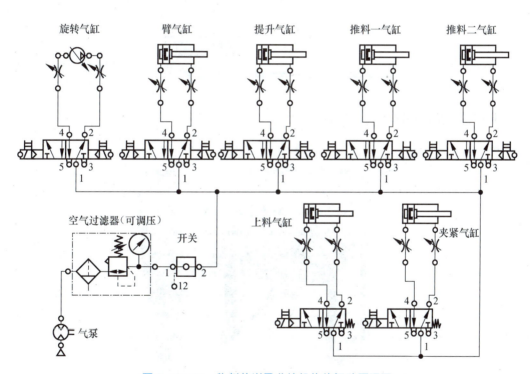

图 9-2-12　物料传送及分拣机构的气动原理图

任务 3　送料机构的装调与检测

3.1　动作描述

送料机构为 YL-235A 型光机电一体化设备的终端，送料机构主要实现对入料口落下的物料进行输送，并按物料性质进行分类存放的功能，其工作原理如图 9-3-1 所示。

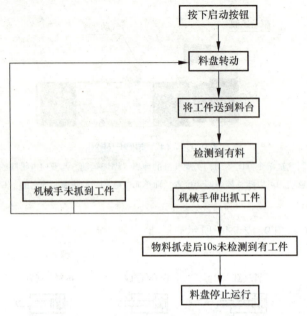

图 9-3-1　送料机构工作原理图

送料机构的结构如图 9-3-2 所示。

图 9-3-2　送料机构实物图
1-转盘；2-调节支架；3-直流电动机；4-物料；5-出料口传感器；6-物料检测支架

放料转盘：转盘中放有三种物料，金属物料、白色非金属物料、黑色非金属物料。

驱动电动机：电动机采用 24 V 直流减速电动机，转速 6 r/min；用于驱动放料转盘旋转。

物料支架：将物料有效定位，并确保每次只上一个物料。

出料口传感器：物料检测为光电漫反射型传感器，主要为PLC提供一个输入信号，如果运行中，光电传感器没有检测到物料并保持若干秒钟，则应让系统停机然后报警。

3.2 任务实施

根据制定的施工计划，按照顺序对送料机构实施组装，施工中应注意及时调整进度，保证定额。施工时必须严格遵守安全操作规程，加强安全保障措施，确保人身和设备的安全。

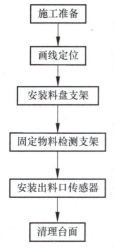

图9-3-3 装配流程图

1. 机械装配前的准备工作

按照要求清理现场、准备图样及工具，并安排装配流程，参考流程如图9-3-3所示。

（1）画线定位。根据送料机构装配示意图对料盘支架、物料检测支架的固定尺寸进行画线定位。

（2）安装料盘支架。如图9-3-4所示，固定料盘的支架。注意装脚支架的时候应调节四只脚支架的位置相同，使料盘处于水平状态。

（3）固定物料检测支架。如图9-3-5所示根据装配示意图固定物料检测支架。固定时应注意放料处应与料盘平齐或稍低于料盘出料口，否则物料无法输出。

（4）固定出料口传感器。如图9-3-5所示。

2. 安装完成的送料机构（如图9-3-6所示）

图9-3-4 安装好的料盘

图 9-3-5　安装好的物料检测支架

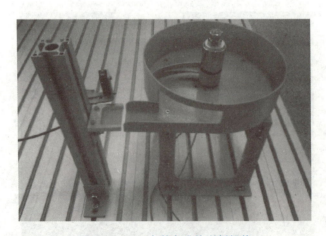

图 9-3-6　安装完成的送料机构

3. 设备调试

按要求清理设备，检查机械装配、电路连接等情况，确认其安全性、正确性。在此基础上确定调试流程，本设备的调试流程如图 9-3-7 所示。

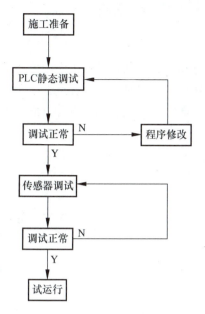

图 9-3-7 调试流程

4. 设备验收

送料机构的装调验收参考表 9-3-1。

表 9-3-1 送料机构验收要求

验收项目及要求		配分	配分标准	扣分	得分	备注
设备组装	1. 设备部件安装可靠，各部件衔接准确 2. 电路安装正确，接线规范	30	1. 部件安装位置错误，每处扣2分 2. 部件衔接不到位、零件松动，每处扣2分 3. 电线连接错误，每处扣2分 4. 导线反圈、压皮、松动，每处扣2分 5. 错、漏编号，每处扣2分 6. 导线未入线槽、布线凌乱，每处扣2分			
设备功能	1. 设备启停正常 2. 料盘转动正常 3. 传感器正常	45	1. 设备未按要求启动或停止，扣15分 2. 料盘未按要求转动或停止，扣15分 3. 传感器损坏，扣15分			
设备附件	资料齐全，归类有序	5	1. 设备组装图缺少，每处扣2分 2. 电路图、梯形图、气路图缺少，每处扣2分 3. 技术说明书、工具明细表、元件明细表缺少，每处扣2分			
安全生产	1. 自觉遵守安全文明生产规程 2. 保持现场干净整洁，工具摆放有序	15	1. 漏接接地线一处，扣5分 2. 每违反一项规定，扣3分 3. 发生安全事故，0分处理 4. 现场凌乱，乱放工具、乱丢杂物，完成任务后不清理现场，扣5分			
时间	5 h		提前正确完成，每5 min 加5分；超过定额时间，每5 min 扣5分			
开始时间：		结束时间：		实际时间：		

3.3 相关知识

微型直流电动机微型直流电动机是自动化设备中应用比较多的一种电动执行元件。直流电动机有起动转矩大、转矩和速度容易控制调节的优点，由于其结构上有电刷和换向器，造成其使用寿命短、运行噪声大、故障多产生效率低下等方面的不足。常见的微型直流电动机如图 9-3-8 所示。

图 9-3-8 微型直流电动机

任务 4　气动机械手搬运机构的装调与检测

4.1　设备描述

机械手搬运机构是 YL-235A 光机电一体化设备的第二大机构，是实现设备中物料搬运的主要部件。整个搬料机构能完成四个自由的动作：手臂伸缩、手臂旋转、手爪上下、手爪松紧。其工作原理如图 9-4-1 所示。

搬料机构的结构如图 9-4-2 所示。

手爪提升气缸：提升气缸采用双向电控气阀控制。

磁性传感器：用于气缸的位置检测。检测气缸伸出和缩回是否到位，为此在前点和后点上各一个磁性传感器，当检测到气缸准确到位后将给 PLC 发出一个信号（在应用过程中棕色接 PLC 主机输入端，蓝色接输入的公共端）。

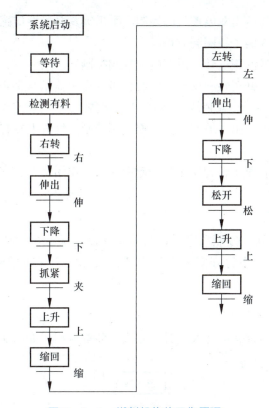

图 9-4-1 搬料机构的工作原理

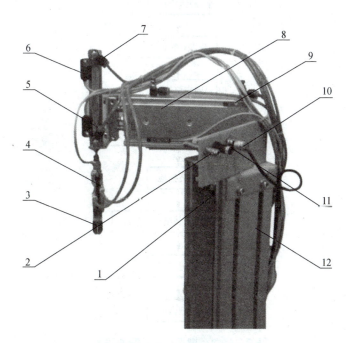

图 9-4-2 搬料机构

1—旋转气缸；2—非标螺丝；3—气动手爪；4—手爪磁性开关 Y59BLS；5—提升气缸；6—磁性开关 D-C73；
7—节流阀；8—伸缩气缸；9—磁性开关 D-Z73；10—左右限位传感器；
11—缓冲阀；12—安装支架

手爪：抓取和松开物料由双电控气阀控制，手爪夹紧时磁性传感器有信号输出，指示灯亮。在控制过程中不允许两个线圈同时得电。

旋转气缸：机械手臂的正反转，由双电控气阀控制。

接近传感器：机械手臂正转和反转到位后，接近传感器信号输出。（在应用过程中，棕色线接直流 24 V 电源"＋"、蓝色线接直流 24 V 电源"－"、黑色线接 PLC 主机的输入端）

双杆气缸：机械手臂伸出、缩回，由电控气阀控制。气缸上装有两个磁性传感器，检测气缸伸出或缩回位置。

缓冲器：旋转气缸高速正转和反转时，起缓冲减速作用。

4.2 任务实施

根据制定的施工计划，按照顺序对送料机构实施组装，施工中应注意及时调整进度，保证定额。施工时必须严格遵守安全操作规程，加强安全保障措施，确保人身和设备的安全。

1. 机械装配前的准备工作

按照要求清理现场、准备图样及工具，并安排装配流程，如图 9－4－3 所示。

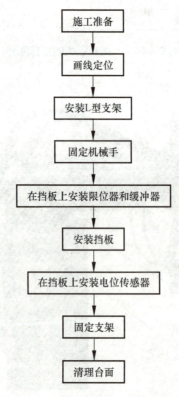

图 9－4－3　搬运机构装配流程图

（1）画线定位。根据机械手搬运机构装配示意图对 L 型支架的固定尺寸进行画线定位。

(2)安装L型支架。如图9-4-4所示,固定L型支架。注意装脚支架的时候应调节四只脚支架的位置相同,使机械手处于水平状态。

图9-4-4　安装L型支架

(3)固定机械手(如图9-4-5所示)。

图9-4-5　固定机械手

(4)安装限位器和缓冲器。安装时要按照装配图纸合理地安装限位器,否则机械手将不能准确地将物料送入出料口,如图9-4-6所示。

(5)安装挡板(如图9-4-7所示)。

(6)安装电位传感器。安装尺寸要合理,不然检测不到机械手的动作,如图9-4-8所示。

(7)固定支架(如图9-4-9)。

图9-4-6 安装限位器和缓冲器

图9-4-7 安装挡板

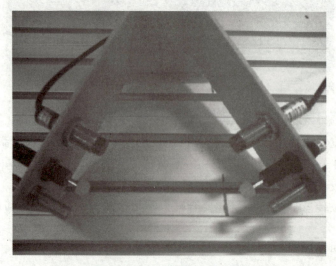

图9-4-8 安装电位传感器

图 9-4-9 固定支架

2. 设备调试

1）设备调试前的准备

清理设备、检查机械装配、电路连接、气路连接等情况，确认其安全性、正确性。

2）模拟调试

（1）PLC 静态调试。

（2）气动回路手动调试。

① 接通空气压缩机电源，启动空气压缩机压缩空气，等待气源充足。

② 将气源压力调整到 0.4~0.5 MPa 后，开启气动二联件上的阀门给机构供气。为确保工作在无气体泄漏环境下进行，施工人员需观察气路系统有无泄漏现象，若有，应立即解决。

③ 在正常压力条件下，对双用气缸和摆动气缸气动回路进行手动调试，直至机构动作完全正常为止。

④ 调整节流阀至合适开度，使双用气缸和摆动气缸运动速度趋于合理，避免动作速度过快损坏机械手。

3. 设备验收

搬料机构的装调验收要求参考表 9-4-1。

表 9-4-1 搬料机构的验收要求

验收项目及要求		配 分	配分标准	扣 分	得 分	备 注
设备组装	1. 设备部件安装可靠，各部件衔接准确 2. 电路安装正确，接线规范 3. 气路连接正确，规范美观	30	1. 部件安装位置错误，每处扣 2 分 2. 部件衔接不到位、零件松动，每处扣 2 分 3. 电线连接错误，每处扣 2 分 4. 导线反圈、压皮、松动，每处扣 2 分 5. 错、漏编号，每处扣 2 分 6. 导线未入线槽、布线凌乱，每处扣 2 分			
设备功能	1. 设备启停正常 2. 机械手运行正常 3. 传感器正常	45	1. 设备未按要求启动或停止，扣 15 分 2. 料盘未按要求转动或停止，扣 15 分 3. 传感器损坏，扣 15 分			

续表

验收项目及要求		配 分	配分标准	扣 分	得 分	备 注
设备附件	资料齐全,归类有序	5	1. 设备组状图缺少,每处扣 2 分 2. 电路图、梯形图、气路图缺少,每处扣 2 分 3. 技术说明书、工具明细表、元件明细表缺少,每处扣 2 分			
安全生产	1. 自觉遵守安全文明生产规程 2. 保持现场干净整洁,工具摆放有序	15	1. 漏接接地线,每处扣 5 分 2. 每违反一项规定,扣 3 分 3. 发生安全事故,0 分处理 4. 现场凌乱、乱放工具、乱丢杂物、完成任务后不清理现场,扣 5 分			
时间	1 h		提前正确完成,每 5 min 加 5 分;超过定额时间,每 5 min 扣 5 分			
开始时间:			结束时间:		实际时间:	

4.3 相关知识

1. 机械手

机械手是用来搬物件或者代替人工完成某些操作的。根据动力的不同可分为气动、液压、电动机械手等,常见的机械手如图 9-4-10 所示。

图 9-4-10 机械手

2. 摆动气缸

实现机械手的左右摆动,如图 9-4-11 所示。

图 9-4-11 摆动气缸

任务 5　系统统调

1. 设备调试前的准备

按照要求清理设备、检查机械装配、电路连接、气路连接等情况，确认其安全性、正确性。在此基础上确定调试流程，本设备的调试流程如图 9-5-1 所示。

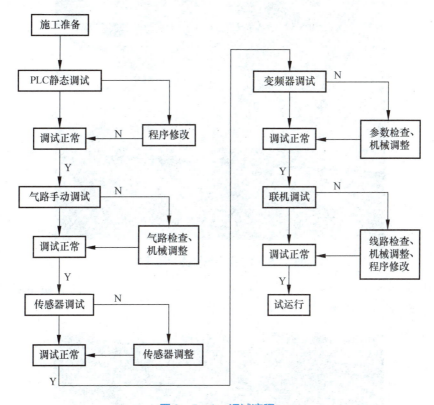

图 9-5-1　调试流程

2. 设备调试

1）PLC 静态调试

（1）连接计算机与 PLC；

（2）确认 PLC 的输出负载回路电源处于断开状态，并检查空气压缩机的阀门是否关闭；

（3）合上断路器，给设备供电；

（4）写入程序；

（5）运行 PLC，用 PLC 模块上的钮子开关模拟 PLC 输入信号，观察 PLC 的输出指示灯 LED；

（6）将 PLC 的 RUN/STOP 开关置 "STOP" 位置；

（7）复位 PLC 模块上的钮子开关。

2)气动回路手动调试

(1)接通空气压缩机电源,启动空气压缩机压缩空气,等待气源充足;

(2)将气源压力调整到 0.4~0.5 MPa 后,开启气动二联件上的阀门给机构供气。为确保调试在无气体泄漏的环境下进行,施工人员需观察气路系统有无泄漏现象,若有,应立即解决;

(3)如图 9-5-2 所示,在正常工作压力下,对推料一气缸和推料二气缸回路进行手动调试,直至动作完全正常为止;

图 9-5-2　推料气缸的手动调试

(4)如图 9-5-3 所示,调整节流阀至合适开度,使推料气缸的运动速度趋于合理,避免动作速度过快而打飞物料、速度过慢而打偏物料。

图 9-5-3　调节节流阀开度

3)传感器调试

调整传感器的位置,观察 PLC 的输入指示 LED。

(1) 动作气缸，调整、固定各磁性传感器；
(2) 如图9-5-4所示，在落料口中先后放置金属物料和非金属物料，调整落料口光电传感器的水平位置或光线漫反射灵敏度；

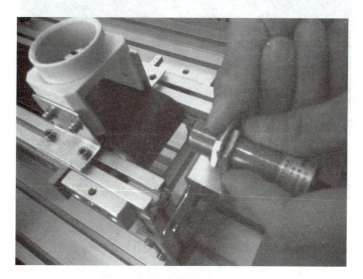

图9-5-4　调节光电传感器

(3) 如图9-5-5所示，在推料—传感器正常工作的条件下放置金属物料，调整后固定；

图9-5-5　调节电感传感器（推料—传感器）

(4) 如图9-5-6所示，调整光纤放大器的颜色灵敏度，使光线传感器检测到白色物料。
4）变频器调试
5）联机调试
模拟调试正常后，接通PLC输出负载的电源回路，便可联机调试。调试时，要求施工人员认真观察设备的运行情况，若出现问题，应立即解决或切断电源，避免扩大故障范围。

图 9-5-6 调整光纤放大器

3. 设备验收

系统调试的验收要求参考表 9-5-1。

表 9-5-1 系统调试的验收要求

验收项目及要求		配 分	配分标准	扣 分	得 分	备 注
设备组装	1. 设备部件安装可靠，各部件位置衔接准确 2. 电路安装正确，接线规范 3. 气路连接正确，规范美观	35	1. 部件位置安装错误，每处扣 2 分 2. 电路连接错误，每处扣 2 分 3. 导线压皮、松动，每处扣 2 分 4. 气路连接错误，每处扣 2 分 5. 气路漏气，每处扣 2 分			
设备功能	1. 设备启停正常 2. 传送带运转正常 3. 物料分拣正常	60	1. 设备未按要求启停，扣 10 分 2. 传送带未按要求运转，扣 10 分 3. 物料分拣未按要求，扣 10 分			
设备附件	资料齐全，归类有序	5	1. 电路图、气路图少，每处扣 2 分 2. 技术说明书、元器件明细表缺少，每处扣 2 分			
安全生产	1. 自觉遵守安全文明生产规程 2. 保存现场干净整洁，工具摆放有序		1. 漏一处接地，扣 5 分 2. 发生安全事故以 0 分处理 3. 现场凌乱、乱放工具，扣 10 分			
时间	4 h		超过额定时间，每 1 min 扣 1 分			
开始时间：		结束时间：		实际时间：		

任务6　认识触摸屏

6.1　MCGS 嵌入版组态软件概述

MCGS 嵌入版的组态环境还包括组态环境和模拟运行环境。模拟运行环境用于对组态后的工程进行模拟测试，方便用户对组态过程的调试。组态环境和模拟运行环境相当于一套完整的工具软件，可以在计算机机上运行。它帮助工程人员设计和构造自己的组态工程并进行功能测试。

运行环境则是一个独立的运行系统，它按照组态工程中用户指定的方式进行各种处理，完成工程人员组态设计的目标和功能。运行环境本身没有任何意义，必须与组态工程一起作为一个整体才能构成一个完整的应用系统。组态工作完成并且将组态好的工程通过串口或以太网下载到触摸屏的运行环境中，组态工程就可以离开组态环境而独立运行在触摸屏上。从而实现了控制系统的可靠性、实时性、确定性和安全性。

MCGS 嵌入版组态软件生成的用户应用系统其结构由主控窗口、设备窗口、用户窗口、实时数据库和运行策略 5 个部分构成，如图 9-6-1 所示。

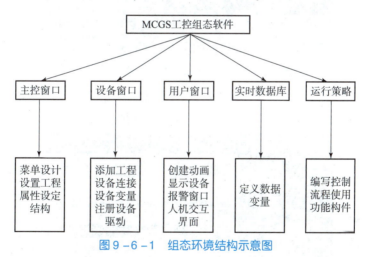

图 9-6-1　组态环境结构示意图

MCGS 嵌入版组态软件的运行环境应用最多的是窗口，窗口直接提供给用户使用。在窗口内用户可以放置不同的构件和创建图形对象并调整画面的布局，还可以组态配置不同的参数以完成不同的功能。

在 MCGS 嵌入版组态软件中每个应用系统只能有一个主控窗口和一个设备窗口，但可以有多个用户窗口和多个运行策略，实时数据库中也可以有多个数据对象。MCGS 嵌入版组态软件用主控窗口、设备窗口和用户窗口来构成一个应用系统的人机交互图形界面，组态配置各种不同类型和功能的对象或构件，同时可以对实时数据进行可视化处理。

6.2 MCGS 嵌入版组态软件的安装

MCGS 嵌入版的组态环境是专为 Microsoft Windows 系统设计的 32 位应用软件，可以运行于 Windows95、98、NT4.0、2000 或 Windows XP 及以上版本的 32 位操作系统中，其模拟环境也同样运行在 Windows95、98、NT4.0、2000 或 Windows XP 及以上版本的 32 位操作系统中。而 MCGS 嵌入版的运行环境则需要运行在装有 Windows CE 嵌入式实时多任务操作系统的 MCGS 触摸屏中。MCGS 嵌入版的组态软件具体安装步骤详解如下：

（1）启动 Windows 操作系统，在相应的驱动器中插入光盘。

（2）插入光盘后会自动弹出 MCGS 组态软件安装界面（如没有窗口弹出，则从 Windows 的"开始"菜单中，选择"运行"命令，运行光盘中的 AutoRun.exe 文件），如图 9-6-2 所示。

图 9-6-2　MCGS 组态软件安装程序窗口

（3）在安装程序窗口中选择"安装组态软件"，启动安装程序开始安装。

（4）进入安装程序欢迎界面的"下一步"操作，如图 9-6-3 所示。

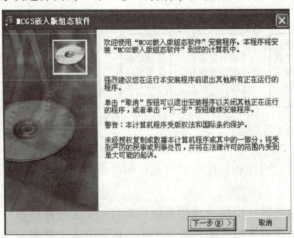

图 9-6-3　MCGS 组态软件的安装欢迎界面

（5）安装程序将提示指定安装的目录，系统默认安装到 D:\MCGSE 目录下，建议使用默认安装目录，如图 9-6-4 所示。

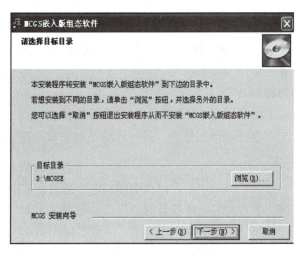

图9-6-4 组态软件安装路径选择

（6）安装过程将持续数分钟，系统将弹出"安装完成"对话框，提示重新启动计算机和稍后重新启动计算机，建议重新启动计算机后再运行组态软件。按下"结束"按钮，将结束安装，如图9-6-5所示。

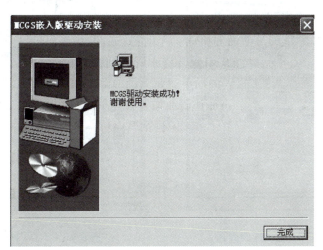

图9-6-5 安装软件结束窗口

（7）安装完成后，Windows操作系统的桌面上添加了两个图标，分别用于启动MCGS嵌入版组态软件组态环境和模拟运行环境，如图9-6-6所示。

图9-6-6 MCGSE组态和模拟运行环境的图标

6.3 组态软件运行

MCGS 嵌入版组态软件包括组态环境、运行环境、模拟运行环境三部分。文件 McgsSetE.exe 对应于组态环境，文件 McgsCE.exe 对应于运行环境，文件 CEEMU.exe 对应于模拟运行环境。组态环境和模拟运行环境安装在计算机中，运行环境安装在 MCGS 的触摸屏中。组态环境是用户组态工程的平台，模拟运行环境在计算机上模拟工程的运行情况，用户可以不必连接触摸屏对工程进行运行和检查。运行环境是组态软件安装到触摸屏内存的运行环境。

单击桌面上"MCGS 组态环境"的快捷图标，即可进入 MCGS 嵌入版的组态环境界面，如图 9-6-7 所示。在此环境中用户可以根据自己的需求建立工程。当组态完工程后在计算机的模拟运行环境中试运行，以检查是否符合组态要求。也可以将工程下载到触摸屏的实际环境中运行。下载新工程到触摸屏时新工程与旧工程不同，将不会删除磁盘中的存盘数据；如果是相同的工程但同名组对象的结构不同，则会删除改组对象的存盘数据。

在 MCGS 嵌入版组态软件的组态环境下选择工具菜单的下载配置，将弹出下载配置对话框，选择好背景方案，如图 9-6-8 所示。

图 9-6-7 MCGS 组态环境界面

图 9-6-8 下载配置对话框

6.4 下载配置对话框说明

1. 背景方案

用于设置模拟运行环境屏幕的分辨率，用户可根据需要选择。8 个选项分别为：标准 320×240、标准 640×480、标准 800×600、标准 1024×768、晴空 320×240、晴空 640×480、晴空 800×600、晴空 1024×768。根据所选择不同型号的触摸屏来确定运行环境屏幕的分辨率大小。

2. 连接方式

用于设置计算机与触摸屏的连接方式。包括两个选项：

（1）TCP/IP 网络：通过 TCP/IP 网络连接。下方有显示目标机名输入框，用于指定触摸屏的 IP 地址。

(2) 串口通信：通过串口连接。下方有显示串口选择输入框，用于指定与触摸屏连接的串口号。

3. 功能按钮

(1) 通信测试：用于测试通信情况。

(2) 工程下载：用于将工程下载到模拟运行环境，或触摸屏的运行环境中。

(3) 启动运行：启动嵌入式系统中的工程运行。

(4) 停止运行：停止嵌入式系统中的工程运行。

(5) 模拟运行：工程在模拟运行环境下运行。

(6) 连机运行：工程在实际的触摸屏中运行。

(7) 高级操作：单击"高级操作"按钮的弹出框，如图 9 – 6 – 9 所示。

图 9 – 6 – 9　"高级操作"对话框

6.5　下载配置对话框操作步骤

以 MCGS 嵌入版组态软件的演示工程为例说明下载配置对话框操作步骤。模拟运行环境窗口如图 9 – 6 – 10 所示。

(1) 打开下载配置窗口，选择"模拟运行"。

(2) 单击"通信测试"，测试通信是否正常。如果通信成功，在返回信息框中将提示"通信测试正常"。同时弹出模拟运行环境窗口，此窗口打开后，将以最小化形式在任务栏中显示。如果通信失败将在返回信息框中提示"通信测试失败"。

(3) 单击"工程下载"，将工程下载到模拟运行环境中。如果工程正常下载，将提示："工程下载成功！"。

(4) 单击"启动运行"，模拟运行环境启动，模拟环境最大化显示可看到工程正在运行。

(5) 单击下载配置中的"停止运行"按钮，或者模拟运行环境窗口中的停止按钮 ，工程停止运行；单击模拟运行环境窗口中的关闭按钮 ，则窗口关闭。

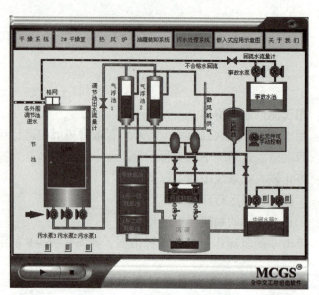

图 9-6-10 模拟运行环境窗口

项目10　机电设备装调工考级综合训练

试题一　CA6140 车床主轴箱 Ⅰ 轴部件装配与检验

1. 考场准备

根据考试题目、图纸及技术要求，考场应准备装配用的起吊设备（吊车司机和指挥人员）、照明及辅助设施等，如清洗设施、升（降）温设施、平衡设施、吊具、清洗液、油类、润滑脂、棉纱等。

2. 考生准备

（1）考件准备：根据考试题目及图纸中明细表准备全部待装零、部件。

（2）工、量、刃具和其他准备：由考生根据考试题目、图纸及技术要求自备，不再列工、量、刃具准备清单。考试过程中，考生寻找用具所用时间计入考试时间。

提示：工、量、刃具和其他准备包括：各类扳手（如活扳手、呆扳手、内六角扳手、扭矩扳手等）、旋具（如一字改锥、十字改锥、通芯改锥等）、钳子、弹簧卡圈钳、手锤、铜棒、锉刀、刮刀、钢刷、毛刷、手灯、装配轴承用钢套、量具（如游标卡尺、千分尺、深度尺、百分表、塞尺、平尺、方尺、直角尺、垫铁、检验棒及检验桥板等）、量仪（如水平仪、光学平直仪、测微准直望远镜、经纬仪等）及其他必备用品。

3. 内容及要求

（1）CA6140 车床主轴箱 Ⅰ 轴部件装配与检验。

（2）本题分值：100 分。

（3）考核时间：360 分钟。

（4）根据 CA6140 车床主轴箱 Ⅰ 轴部件装配图及技术要求完成装配；装配完成后进行调整、检测及试车达到图纸及技术要求。

（5）图及技术要求如图 10-1-1 所示。

（6）CA6140 车床主轴箱 Ⅰ 轴部件零、部件明细表，见表 10-1-1。

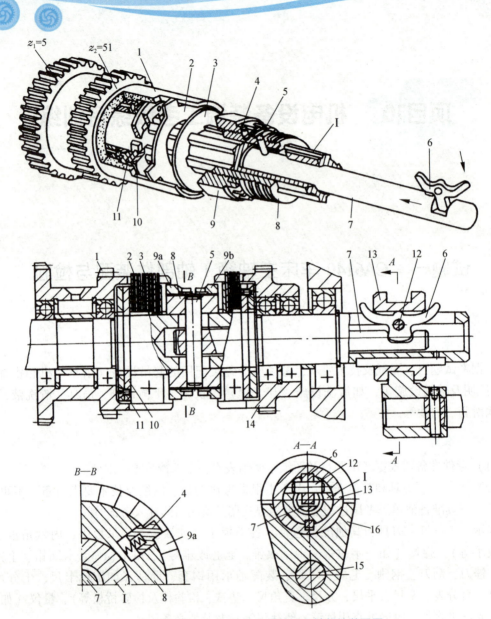

图 10-1-1 CA6140 车床主轴箱Ⅰ轴部件装配图

表 10-1-1 CA6140 车床主轴箱Ⅰ轴部件零、部件明细表

序号	名称	数量	备注
1	双联齿轮	1	
2	外摩擦片	10	
3	内摩擦片	10	
4	弹簧销	1	
5	圆销	1	
6	羊角形摆块	1	
7	拉杆	1	
8	压套	1	

续表

序 号	名 称	数 量	备 注
9	螺母	1	
10	止推片	1	
11	止推片	1	
12	销轴	1	
13	滑套	1	
14	齿轮	1	
15	轴	1	
16	拨块	1	

4. 普通金属切削机床走刀箱部件装配与检验评分表，见表 10 – 1 – 2。

表 10 – 1 – 2　普通金属切削机床走刀箱部件装配与检验评分表

序 号	考核内容	考核要点	配 分	评分标准	扣 分	得 分
1	准备工作	待装零件准备配套齐全	2	待装件准备不充分不得分		
2		装配工具及设备等准备充分	2	工具及设备准备不充分不得分		
3		对待装重要零件及配合件进行检测	2	重要零件及配合件不检测不得分		
4		对待装零件进行清理	2	对待装零件不进行清理不得分		
5		对待装零件进行清洗	2	对待装零件不进行清洗不得分		
6	装配	按装配技术要求安排好装配顺序	15	装配顺序不正确不得分		
7		装配方法选择合理	10	装配方法选择不合理酌情扣 1～10 分		
8		调整方法正确	15	调整方法不正确酌情扣 1～15 分		
9	检验与试运转	羊角形摆块与拉杆槽配合间隙≤0.3 mm	4	超差不得分		
10		羊角形摆块必须在槽内自由摆动，不能产生干涉现象	4	达不到要求酌情扣分		
11		摩擦片在 I 轴上要顺利移动，无阻滞现象	4	达不到要求酌情扣分		
12		内外摩擦片未被压紧时，轴 I 不能带动双联齿轮转动	4	达不到要求酌情扣分		
13		滑套右移，左离合器传动主轴正转	4	达不到要求酌情扣分		
14		滑套左移，右离合器传动主轴反转	4	达不到要求酌情扣分		
15		滑套处于中间位置，主轴停转	4	达不到要求酌情扣分		
16		转动灵活无阻滞现象	4	转动不灵活有阻滞现象扣 4 分		
17		运转平稳、噪声达到标准要求	4	运转不平稳扣 2 分，噪声达不到标准要求扣 2 分		
18		运转后温升达到标准要求	4	运转后温升达不到标准要求不得分		
19	现场考核	安全文明生产	4	违规酌情扣 1～4 分		
20		设备使用正确	3	违规扣除 3 分		
21		各种工、量具的使用正确	3	违规扣除 3 分		
	合计		100			

否定项：造成设备严重损坏及人员重伤以上事故，考核全程否定，即按 0 分处理

评分人：　　　　　　年　月　日　　　　　　核分人：　　　　　　年　月　日

试题二　CA6140车床主轴箱部件变速操纵机构装配与检验

1. 考场准备

（1）根据考试题目、图纸及技术要求，考场应准备装配用的起吊设备（吊车司机和指挥人员）、照明及辅助设施等，如清洗设施、升（降）温设施、平衡设施、吊具、清洗液、油类、润滑脂、棉纱等。

2. 考生准备

（1）考件准备：根据考试题目、图纸中明细表准备全部待装零、部件。

（2）工、量、刃具和其他准备：由考生根据考试题目、图纸及技术要求自备，不再列工、量、刃具准备清单。考试过程中，考生寻找用具所用时间计入考试时间。

提示：工、量、刃具和其他准备包括：各类扳手（如活扳手、呆扳手、内六角扳手、扭矩扳手等）、旋具（如一字改锥、十字改锥、通芯改锥等）、钳子、弹簧卡圈钳、手锤、铜棒、锉刀、刮刀、钢刷、毛刷、手灯、装配轴承用钢套、量具（如游标卡尺、千分尺、深度尺、百分表、塞尺、平尺、方尺、直角尺、垫铁、检验棒及检验桥板等）、量仪（如水平仪、光学平直仪、测微准直望远镜、经纬仪等）及其他必备用品。

3. 内容及要求

（1）本题分值：100分。

（2）考核时间：360分钟。

（3）根据CA6140车床主轴箱部件变速操纵机构装配图及技术要求完成装配；装配完成后进行调整、检测及试车达到图纸及技术要求。

（4）图纸及技术要求如图10-2-1所示。

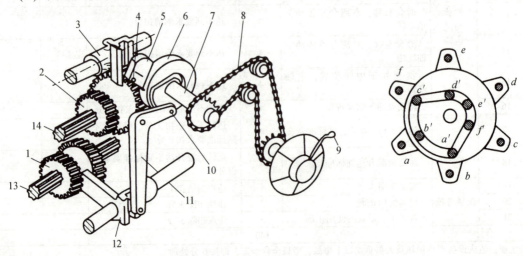

图10-2-1　CA6140车床主轴箱部件变速操纵机构装配图

(5) CA6140 车床主轴箱部件变速操纵机构装配零（部）件明细表，见表 10-2-1。

表 10-2-1　CA6140 车床主轴箱部件变速操纵机构装配零（部）件明细表

序号	名　称	数　量
1	双联齿轮	1
2	三联齿轮	1
3	拨叉	1
4	拨销	1
5	曲柄	1
6	盘形凸轮	1
7	轴	1
8	链条	1
9	变速手柄	1
10	圆销	1
11	杠杆	1
12	拨叉	1
13	传动轴	1
14	传动轴	1
15	链轮	1

4. CA6140 车床主轴箱部件变速操纵机构装配与检验评分表，见表 10-2-2。

表 10-2-2　CA6140 车床主轴箱部件变速操纵机构装配与检验评分表

序号	考核内容	考核要点	配分	评分标准	扣分	得分
1	准备工作	待装零件准备配套齐全	2	待装件准备不充分不得分		
2		装配工具及设备等准备充分	2	工具及设备准备不充分不得分		
3		对待装重要零件及配合件检测	2	重要零件及配合件不检测不得分		
4		对待装零件进行清理	2	对待装零件不进行清理不得分		
5		对待装零件进行清洗	2	对待装零件不进行清洗不得分		
6	装配	按装配技术要求安排好装配顺序	15	装配顺序不正确不得分		
7		装配方法选择合理	10	装配方法选择不合理酌情扣1~10分		
8		调整方法正确	15	调整方法不正确酌情扣1~15分		
9	检验与试运转	滑移齿轮在轴上移动应轻便无阻滞，转动灵活	6	达不到要求酌情扣分		
10		拨叉移动顺利无阻滞现象	6	达不到要求酌情扣分		
11		手柄在开车时，不准有松动、颤抖和定位不准现象	5	达不到要求酌情扣分		
12		曲柄和凸轮的六个变速位置要对应准确	6	达不到要求酌情扣分		
13		手柄轴和轴 7 的传动比为 1∶1	5	达不到要求不得分		
14		转动灵活无阻滞现象	4	转动不灵活有阻滞现象扣 4 分		
15		运转平稳、噪声达到标准要求	4	运转不平稳扣 2 分、噪声达不到标准要求扣 2 分		
16		运转后温升达到标准要求	4	运转后温升达不到标准要求不得分		

续表

序号	考核内容	考核要点	配分	评分标准	扣分	得分
17	现场考核	安全文明生产	4	违规酌情扣1~4分		
18		设备使用正确	3	违规扣除3分		
19		各种工、量具的使用正确	3	违规扣除3分		
合计			100			

否定项：造成设备严重损坏及人员重伤以上事故，考核全程否定，即按0分处理。

评分人：　　　　　　年　月　日　　　　核分人：　　　　　　年　月　日

试题三　YL235A 组装与调试

本次组装与调试的机电一体化设备为某配料装置。请你仔细阅读配料装置的说明和应完成的工作任务与要求，在 240 min 内按要求完成指定的工作任务。

3.1　工作任务与要求

（1）按《警示灯与接料平台组装图》（附页图号 01）组装警示灯和接料平台。

（2）按《配料装置组装图》（附页图号 02）组装配料装置，并满足图纸提出的技术要求。

（3）按《配料装置气动系统图》（附页图号 03）连接配料装置的电路，并满足图纸提出的技术要求。

（4）根据 PLC 输入/输出端子（I/O）分配表（如表 10-3-1 所示），在赛场提供的图纸（附页图号 04）上画出配料装置电气控制原理图并连接电路。你画的电气控制原理图和连接的电路应符合下列要求：

表 10-3-1　PLC 输入/输出端子（I/O）分配表

输入端子			功能说明	输入端子			功能说明
三菱 PLC	西门子 PLC	松下 PLC		三菱 PLC	西门子 PLC	松下 PLC	
X0	I0.0	X0	执行或启动按钮 SB5	Y0	Q0.0	Y2	皮带正转
X1	I0.1	X1	复位或停止按钮 SB6	Y1	Q0.1	Y3	皮带低速
X2	I0.2	X2	急停按钮	Y2	Q0.2	Y4	皮带中速
X3	I0.3	X3	参数选择/废料按钮 SB4	Y3	Q0.3	Y5	皮带高速
X4	I0.4	X4	功能选择开关 SA1	Y4	Q0.4	Y0	（空）
X5	I0.5	X5	功能选择开关 SA2	Y5	Q0.5	Y1	送料直流电动机
X6	I0.6	X6	接料平台光电传感器	Y6	Q0.6	Y6	蜂鸣器
X7	I0.7	X7	接料平台电感式传感器	Y7	Q0.7	Y7	指示灯 HL3（红）
X10	I1.0	X8	接料平台光纤传感器	Y10	Q1.0	Y8	指示灯 HL4（黄）
X11	I1.1	X9	传送带进料口来料检测	Y11	Q1.1	Y9	指示灯 HL5（绿）
X12	I1.2	XA	位置 A 来料检测	Y12	Q1.2	YA	指示灯 HL6（红）
X13	I1.3	XB	旋转气缸左到位检测	Y13	Q1.3	YB	手指夹紧
X14	I1.4	XC	旋转气缸右到位检测	Y14	Q1.4	YC	手指松开
X15	I1.5	XD	悬臂伸出到位检测	Y15	Q1.5	YD	旋转气缸左转
X16	I1.6	XE	悬臂缩回到位检测	Y16	Q1.6	YE	旋转气缸右转
X17	I1.7	XF	手臂上升到位检测	Y17	Q1.7	YF	悬臂伸出

续表

输入端子			功能说明	输入端子			功能说明
三菱 PLC	西门子 PLC	松下 PLC		三菱 PLC	西门子 PLC	松下 PLC	
X20	I2.0	X10	手臂下降到位检测	Y20	Q2.0	Y10	悬臂缩回
X21	I2.1	X11	手指夹紧到位检测	Y21	Q2.1	Y11	手臂上升
X22	I2.2	X12	气缸Ⅰ伸出到位检测	Y22	Q2.2	Y12	手臂下降
X23	I2.3	X13	气缸Ⅰ缩回到位检测	Y23	Q2.3	Y13	气缸Ⅰ伸出
X24	I2.4	X14	气缸Ⅱ伸出到位检测	Y24	Q2.4	Y14	气缸Ⅱ伸出
X25	I2.5	X15	气缸Ⅱ缩回到位检测	Y25	Q2.5	Y15	气缸Ⅲ伸出
X26	I2.6	X16	气缸Ⅲ伸出到位检测	Y26	Q2.6	Y16	
X27	I2.7	X17	气缸Ⅲ缩回到位检测	Y27	Q2.7	Y17	

①电气控制原理图中各元器件的图形符号符合规范。

②凡是你连接的导线，必须套上写有编号的编号管。交流电动机金属外壳与变频器的接地极必须可靠接地。

③工作台上各传感器、电磁阀控制线圈、送料直流电动机、警示灯的连接线，必须放入线槽内；为减小对控制信号的干扰，工作台上交流电动机的连接线不能放入线槽。

（5）请你正确理解配料装置的调试、配料要求以及指示灯亮灭方式、正常工作过程和故障状态的处理等，编写配料装置的 PLC 控制程序和设置变频器的参数。

注意：在使用计算机编写程序时，请你随时保存已编好的程序，保存的文件名为工位号＋A（如 3 号工位文件名为"3A"）。

（6）请你调整传感器的位置和灵敏度，调整机械部件的位置，完成配料装置的整体调试，使配料装置能按照要求完成调试与配料。

3.2 配料装置说明

配料装置各部件和器件名称及位置如图 10 - 3 - 1 所示。

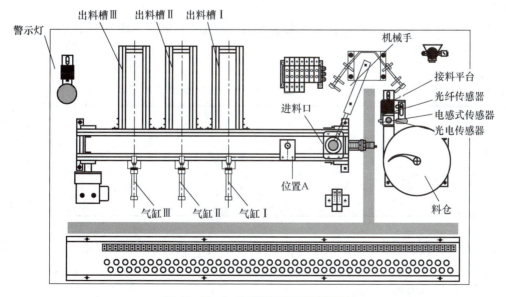

图 10 - 3 - 1 配料装置部件示意图

配料装置设置了"调试"和"配料"两种功能。用转换开关 SA1 进行功能变换，用 SA2 设置功能的参数和锁定选择的功能。

当 SA1 在左挡位时（常闭触点闭合，常开触点断开），选择的功能为调试；当 SA1 在右挡位时（常闭触点断开，常开触点闭合），选择的功能为配料。当 SA2 在左挡位时（常闭触点闭合，常开触点断开），为功能参数设置；当 SA2 在右挡位时（常闭触点断开，常开触点闭合），为功能锁定，如图 10 - 3 - 2 所示。

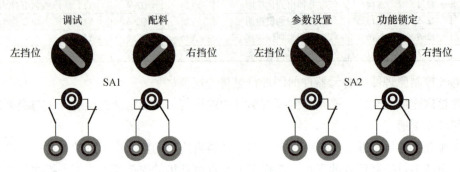

图 10 - 3 - 2　SA1 与 SA2 的挡位与功能

1. 配料装置的调试

配料装置在安装、更换元器件后和每次配料前，都必须对配料装置进行调试。

接通配料装置电源后，绿色警示灯闪烁，指示电源正常。将 SA1 置"调试"挡位，SA2 置"参数设置"挡位（SA1、SA2 在该挡位简称调试参数选择挡位），然后按下按钮 SB4 进行调试参数（需要调试的元件或部件）选择，并用由 HL4、HL5、HL6 组成的指示灯组的状态指示调试参数，调试参数对应的指示灯组状态如表 10 - 3 - 2 所示。在调试参数选择挡位，按一次 SB4，选择一个调试参数。用 SB4 切换调试参数的方式自行确定。

确定调试参数后，再通过操作 SB5 和 SB6 两个按钮进行调试。按下 SB5 为执行或启动，按下 SB6 为复位或停止。

表 10 - 3 - 2　调试参数对应指示灯组的状态

状态	HL4	HL5	HL6	调试参数
0	循环闪烁	循环闪烁	循环闪烁	调试皮带输送机
1	灭	灭	亮	调试送料直流电动机
2	灭	亮	灭	调试机械手
3	亮	灭	灭	调试气缸Ⅰ、Ⅱ、Ⅲ

完成调试，皮带输送机停止、送料直流电动机停止；机械手停留在右限止位置、悬臂缩回到位、手臂上升到位、手指夹紧；气缸Ⅰ、Ⅱ、Ⅲ活塞杆处于缩回的状态。这些部件在完成调试后的位置称为初始位置。

1）皮带输送机的调试

要求皮带输送机在调试的每一个频率段都不能有不转、打滑或跳动过大等异常情况。

在调试参数选择挡位，按参数选择按钮 SB4，选择指示灯组为"0"状态，指示灯 HL4、HL5、HL6 均以亮 0.5 s，灭 1 s，并以流水灯的方式循环闪烁（按 HL4→HL5→HL6→HL4…的顺序循环），即为皮带输送机的调试。然后按下按钮 SB5，皮带输送机的三相交流异步电动机（以下简称交流电动机）以 5 Hz 的频率转动，接着按下按钮 SB6，交流电动机停止运行；再按下按钮 SB5，交流电动机以 20 Hz 的频率转动，然后按下按钮 SB6，交流电动机停止运行。以此方式操作，可调试交流电动机分别在 5 Hz，20 Hz，40 Hz 和 60 Hz 的频率转动。在调试交流电动机以 60 Hz 的频率转动后，再按 SB5，调试从 5 Hz 的频率开始并如此循环。

2）送料直流电动机的调试

要求送料直流电动机启动后没有卡阻、转速异常或不转等情况。

在调试参数选择挡位，按参数选择按钮 SB4，选择指示灯组为"1"状态，指示灯 HL4 与 HL5 灭，HL6 常亮，即为送料直流电动机的调试。然后按下按钮 SB5，送料直流电动机启动；按下 SB6 按钮，送料直流电动机停止，如此交替按下 SB5 和 SB6，可调试送料直流电动机的运行。

3）机械手的调试

要求各气缸活塞杆动作速度协调，无碰擦现象；每个气缸的磁性开关安装位置合理、信号准确；最后机械手停止在右限止位置，气手指夹紧，其余各气缸活塞杆处于缩回状态。

在调试参数选择挡位，按参数选择按钮 SB4，选择指示灯组为"2"状态，指示灯 HL4 与 HL6 灭，HL5 常亮，即为机械手的调试。然后按下按钮 SB5，旋转气缸转动、按下 SB6 按钮，旋转气缸转回原位。再按下按钮 SB5，悬臂气缸活塞杆伸出，按下按钮 SB6，悬臂气缸活塞杆缩回。再按下按钮 SB5，手臂气缸活塞杆下降，按下按钮 SB6，手臂气缸活塞杆上升；再按下按钮 SB5，手指松开，按下按钮 SB6，手指夹紧；如此交替操作按钮 SB5、SB6 可调试各个气缸运动情况。

4）气缸Ⅰ、Ⅱ、Ⅲ的调试

要求各气缸活塞杆动作速度协调，无碰擦现象；最后各个气缸活塞杆处于缩回状态。

在调试参数选择挡位，按参数选择按钮 SB4，选择指示灯组为"3"状态，指示灯 HL4 常亮、HL5 与 HL6 灭，即为气缸Ⅰ、Ⅱ、Ⅲ的调试。然后按下按钮 SB5，气缸Ⅰ活塞杆伸出、按下按钮 SB6，气缸Ⅰ活塞杆缩回。再按下按钮 SB5，气缸Ⅱ活塞杆伸出，按下按钮 SB6，气缸Ⅱ活塞杆缩回。再按下按钮 SB5，气缸Ⅲ活塞杆伸出，按下按钮 SB6，气缸Ⅲ活塞杆缩回。如此交替操作按钮 SB5、SB6，可调试各个气缸运动情况。

2. 配料装置的配料

某材料由金属、白色非金属和黑色非金属原料按一定比例配置，再经过其他生产工艺加工而成，配料装置仅为该材料配料。

金属、白色非金属和黑色非金属原料配置的比例不同，构成该材料系列中的不同类型，该配料装置为系列材料中的 M 型和 F 型材料配料。

先将 SA1 置于右挡位（配料挡位）、SA2 置于左挡位（参数设置挡位），然后用按钮 SB4 进行配料类型选择，并用由 HL4、HL5、HL6 组成的指示灯组的状态指示配料类型，配料类型对应的指示灯组状态如表 10-3-3 所示。在此挡位，按一次 SB4，选择一个配料类型。用 SB4 切换配料类型的方式自行确定。

表 10-3-3　配料类型对应指示灯组的状态

序　号	HL4	HL5	HL6	运行功能
1	亮	亮	灭	为 M 型材料配料
2	灭	亮	亮	为 F 型材料配料

选定配料类型后，SA1 不变，将 SA2 置于右挡位，锁定配料类型。然后按启动按钮 SB5，配料装置才能为选定的材料类型配料。

为了保证配料装置在为每一种类型的材料配料的可靠和正确显示，避免由于误操作可能带来的不良后果，要求程序编写时必须考虑以下要求：

（1）配料装置相关部件必须停留在初始位置时，才能选择配料类型。

（2）SA2 置于左挡位（参数设置挡位）时，按下 SB5 启动按钮配料装置不能启动。

（3）SA2 置于右挡位（锁定挡位）后，再按 SB4 参数选择按钮不能选择配料类型。

1）为 M 型材料配料

M 型材料中，金属、白色非金属和黑色非金属原料的比例是：1∶1∶1，数量和送达要求是：每个槽中的数量为 2，送达出料槽Ⅰ中的为金属原料，出料槽Ⅱ中的为黑色非金属原料，出料槽Ⅲ中的为白色非金属原料。对送达原料，没有先后顺序的要求。

配料装置的动作及要求：

按下启动按钮 SB5，指示灯 HL4 由常亮变为亮 1 s、灭 1 s 的方式闪烁，指示灯 HL5 保持常亮，指示配料装置处在"为 M 型材料配料"运行状态，交流电动机以 20 Hz 频率运行。

当接料平台无原料时，送料直流电动机转动，将原料送达接料平台后停止。若送料直流电动机连续转动 5 s 仍没有原料送到接料平台，则蜂鸣器鸣叫报警，提示料仓中没有原料。将原料放入料仓且有原料送达接料平台后，蜂鸣器停止鸣叫。

原料送达接料平台，手指松开→手臂下降→手指合拢夹持原料→延时 0.5 s→手臂上升。若抓取的原料符合分送要求，则机械手转动到左限止位置→悬臂伸出→手臂下降→手指松开，将原料从传送带进料口放上皮带输送机→手臂上升→悬臂缩回→手指合拢→机械手转动到右限止位置停止，完成一次原料的搬运。若抓取的原料不符合分送要求，则悬臂伸出→手指松开将原料重新放回料仓→悬臂缩回→手指合拢，停止在初始位置。

机械手将原料搬离接料平台，送料直流电动机立即转动，送出下一原料。

原料搬运到传送带上，到达指定的出料槽位置后，直接推出，皮带输送机不需要停止。

完成配料后，配料装置自动停止。

项目10　机电设备装调工考级综合训练

提示：接料平台处装有一个光电传感器、一个光纤传感器和一个电感式传感器，可通过检测到的信号区别送达接料平台原料的种类。

2）为 F 型材料配料

F 型材料中，金属、白色非金属和黑色非金属原料的比例是：1∶2∶3，数量和送达要求是：送达出料槽Ⅰ和出料槽Ⅱ各 1 组（1 个金属，2 个白色、3 个黑色非金属为 1 组），先送出料槽Ⅰ，送完出料槽Ⅰ再送出料槽Ⅱ。送料顺序为：先黑色非金属再金属，最后白色非金属。

配料装置的动作及其要求：

按下启动按钮 SB5，HL6 指示灯由常亮变为亮 1 s、灭 1 s 的方式闪烁，HL5 保持常亮，指示配料装置处在为"F 型材料配料"运行状态。皮带输送机以 20 Hz 频率运行。

送料与机械手搬运原料的动作及其要求，与为 M 型材料配料的动作及其要求相同。

原料到达传送带上，重量合格才能被送到出料槽Ⅰ和出料槽Ⅱ。

原料到达位置 A，皮带输送机停止对原料进行重量检测，HL3 以亮 1 s 灭 1 s 的方式指示原料在进行重量检测，重量检测时间为 5 s；重量检测完毕，HL3 熄灭。重量检测期间，机械手搬运的原料到达传送带进料口上方时，应停止在此位置，待被检测原料的重量检测完毕，再将原料放上传送带。若重量检测完毕没有原料送到传送带，则被检测原料在此处等待。当下一原料被放入传送带上后，交流电动机重新以 20 Hz 的频率转动带动皮带输送机输送原料，当经过重量检测并合格的原料到达指定的出斜槽位置后，直接推出，皮带输送机不需要停止。

若在重量检测期间按按钮 SB4，则为原料重量不合要求，当原料重量检测不合格时，该原料送入出料槽Ⅲ。

送达出料槽Ⅰ和出料槽Ⅱ中的原料数量符合要求后，配料装置自动停止。

3. 装置停止

（1）正常停止。在配料过程中，按停止按钮 SB6，装置应完成当前配料工作（即出料槽中送达的原料数量达到配料要求）后停止。

（2）紧急停止。配料装置运行过程中如果遇到各类意外事故，需要紧急停止时，请按下急停开关 QS，配料装置立刻停止运行并保持急停瞬间的状态，同时蜂鸣器鸣叫报警。再启动时，必须复位急停开关，然后再按启动按钮 SB5，配料装置接着急停瞬间的状态继续运行，同时蜂鸣器停止鸣叫。

（3）突然断电。配料装置运行过程中发生突然断电时，配料装置停止运行并保持断电瞬间的状态。恢复供电后，蜂鸣器鸣叫报警，再次按下启动按钮 SB5，蜂鸣器停止鸣叫，配料装置接着断电瞬间保持的状态继续运行。

4. 意外情况处理

本次工作任务，只考虑以下意外情况：

机械手搬运过程中有可能出现手指没有抓稳原料，造成原料不能被搬离接料平台，或搬离接料平台后在搬运途中掉下。如果出现上述情况，机械手应立刻返回到初始位置停止，同时蜂鸣器鸣叫报警。待查明原因并排除故障后，按启动按钮 SB5，机械手才能继续运行，同时蜂鸣器停止鸣叫。

183

组装及绘图部分评分表

工位号_____　　　　　　（完成任务后将此评分表放工作台上，不能将此表丢失）

项　目	评分点	配　分	评分标准	扣　分	得　分	评委
部件组装 （23 分）	皮带输送机安装（包括出料槽与传感器）	6	尺寸超差 0.5 mm 以上、螺栓松动、螺栓未放垫片扣 0.5 分/处。电动机同轴度、皮带机水平度、皮带松紧扣 1 分。			
	机械手安装	6	螺栓松动、螺栓未放垫片扣 0.5 分/处，水平或竖直误差明显，各扣 1 分，不能准确抓料与放入进料口，动作明显不协调各扣 2 分。			
	料仓	2	尺寸超差 0.5 mm 以上、螺栓松动，螺栓未放垫片扣 0.5 分/处。出料口方向错误扣 1 分			
	接料平台（包括传感器）	2.5	尺寸超差 0.5 mm 以上、螺栓松动、螺栓未放垫片扣 0.5 分/处，与料仓出料口配合、传感器安装调节不合要求，各扣 1 分			
	气源组件、电磁阀组、光纤传感器安装	5	尺寸超差 0.5 mm 以上、螺栓松动、螺栓未放垫片扣 0.5 分/处。L 型支架方向错误扣 1 分			
	警示灯安装	1.5	尺寸超差 0.5 mm 以上、螺栓松动、螺栓未放垫片扣 0.5 分/处。L 型支架方向错误扣 1 分			
	端子排及线槽	1	尺寸超差 0.5 mm 以上、螺栓松动、螺栓未放垫片扣 0.5 分/处。			
气路连接 （8 分）	电磁阀选择	2	每选错一个电磁阀，各扣 1 分最多扣 2 分			
	气路连接	2	连接错误、接头漏气扣 0.5 分/处			
	连接工艺	4	气路与电路绑扎在一起扣 1 分，使气动元件受力、绑扎间距不合要求，气路走向不合理扣 1 分/处。			
电路连接 （9 分）	元器件接口	3	与电路图不符扣 0.5 分/处，最多扣 3 分			
	连接工艺	3	绑扎间距、动力线与其他放入同一线槽、同一接线端子超过两个线头、露铜超 2 mm 扣 0.5 分/处，最多扣 3 分			
	套异形管及写编号	2	每少套一个线管扣 1 分，有异形管但未写编号扣 0.5 分。最多扣 2 分			
	保护接地	1	接地每少一处，各扣 0.5 分。			
电路图绘制 （10 分）	元件选择	4	与 PLC 的 I/O 分配表不符、漏画元件扣 0.5 分/处，最多扣 4 分。			
	图形符号	3	非推荐符号没有图例说明扣 1 分/处，最多扣 3 分。			
	制图规范	3	图形符号比例不对、徒手绘图扣 0.5 分/处，布局零乱、字迹潦草，各扣 1 分。			
	总分		统分签名：			

功能评分表

工位号＿＿＿＿＿＿＿＿＿＿＿＿＿＿　　　　（完成任务后将此评分表放工作台上，不能将此表丢失）

项目级项目配分	评分点	配 分	扣分说明	点得分	项目得分	评委签名
装置调试（15 分）	接通电源	1	警示灯不按要求闪亮，扣 1 分			
	调试参数	2	SA1 与 SA2，使用按钮合要求，指示灯使用不合要求，扣 0.2 分/个			
	皮带输送机调试	3	交流电动机不能转动，扣 2 分，指示灯亮灭不合要求，SB5、SB6 作用不合要求、不能循环调试各扣 1 分；交流电动机转动频率不合要求 0.5 分/个			
	送料直流电动机调试	3	送料直流电动机不能转动扣 2 分，转动却不能停止、指示灯亮灭不合要求，扣 1 分			
	机械手调试	3	机械手不能动作，扣 2 分，指示灯亮灭不合要求，不能循环调试扣 1 分，机械手各气缸不能回到初始位置，扣 0.5 分/个			
	气缸 Ⅰ Ⅱ Ⅲ 调试	3	气缸不动作，扣 1 分/个，指示灯亮灭不合要求，不能循环调试扣 1 分，气缸不能回到初始位置，扣 0.5 分/个			
M 配料（14 分）	配料类型选择	2	不能选择与锁定配料类型，扣 1 分，指示灯亮灭不合要求扣 1 分			
	送料直流电动机	2	不能按要求启动和停止，不能按要求送料，扣 2 分，不能报警扣 1 分			
	机械手动作	4	不能将原料送回料仓，扣 2 分，不能将原料送传送带，扣 2 分，送传送带原料不合要求，扣 1 分/个			
	原料送达位置与数量	6	送入出料槽的原料不合要求，数量不合要求，运行频率不合要求，送入出料槽皮带停止，不能自动停止扣 1 分/个			
F 配料（13 分）	配料类型选择	1	指示灯亮灭不合要求扣 1 分			
	机械手动作	4	不能将原料送回料仓，扣 2 分，不能将原料送传送带，扣 2 分，送传送带原料不合要求，扣 1 分/个			
	原料送达位置与数量	8	送达出料槽Ⅰ Ⅱ槽的原料数量、原料种类不合要求，重量检测时间不合要求，指示灯亮灭不合要求、进料不合要求，不合格原料不能送达出料槽Ⅲ，运行频率不合要求，送入出料槽皮带停止，配料完毕不能自动停止等扣 1 分/个			
停止（4 分）	正常停止	1	按 SB6，不能完成配料停止，扣 1 分			
	急停	1.5	不能停止、不能报警、不能保持状态，不能按急停瞬间状态继续运行，各扣 0.5 分			
	突然断电	1.5	不能停止、不能报警、不能保持状态，不能按停电瞬间状态继续运行，各扣 0.5 分			
意外情况（4 分）	机械手动作	2	不能回到初始位置，扣 2 分，不能立即回到初始位置，扣 1 分，最多扣 2 分			
	报警	1	蜂鸣器不鸣叫扣 1 分，按 SB5 不能停止扣 0.5 分			
	排除故障后动作	1	按 SB5 不能继续运行，扣 1 分			

考场情况记录表

工位号_____（完成任务后将此评分表放工作台上，不能将此表丢失）

（职业与安全意识根据此表记录评分，计入比赛成绩）

电路过载、短路情况记录	 记录工作人员签名：		选手签工位号确认
赛场环境保护	 记录工作人员签名：		选手签工位号确认
安全操作情况记录	 记录工作人员签名：		选手签工位号确认
元器件更换情况记录	 记录工作人员签名：		选手签工位号确认
赛场纪律情况记录	 记录工作人员签名：		选手签工位号确认
选手离开赛场时间		离开赛场原因	选手签工位号确认
选手完成任务，报告结束竞赛时间	记录工作人员签名：		选手签工位号确认

机电一体化设备组装与调试配分表

工位号_____ （完成任务后将此评分表放工作台上，不能将此表丢失）

项目	项目配分	评分点	点配分	点得分	项目得分	评委签名
部件组装	23	皮带输送机安装	6			
		机械手装置组装	6			
		料仓	2			
		接料平台（包括传感器）	2.5			
		气源组件、电磁阀组、光纤传感器安装	5			
		警示灯安装	1.5			
		端子排及线槽	1			
气路连接	8	电磁阀选择	2			
		气路连接	2			
		连接工艺	4			
电路连接	9	元器件接口	2			
		连接工艺	2			
		套异形管及写线号	4			
		保护接地	1			
电路图	10	元件选择	4			
		图形符号	3			
		制图规范	3			
装置调试	15	接通电源	1			
		调试参数	2			
		皮带输送机调试	3			
		送料直流电动机调试	3			
		机械手调试	3			
		气缸 I II III 调试	3			
M 配料	14	配料类型选择	2			
		送料直流电动机	2			
		机械手动作	4			
		原料送达位置与数量	6			
F 配料	13	配料类型选择	1			
		机械手动作	4			
		原料送达位置与数量	8			
停止	4	正常停止	1			
		急停	1.5			
		突然断电	1.5			
意外情况处理	4	机械手动作	2			
		报警	1			
		排除故障后动作	1			

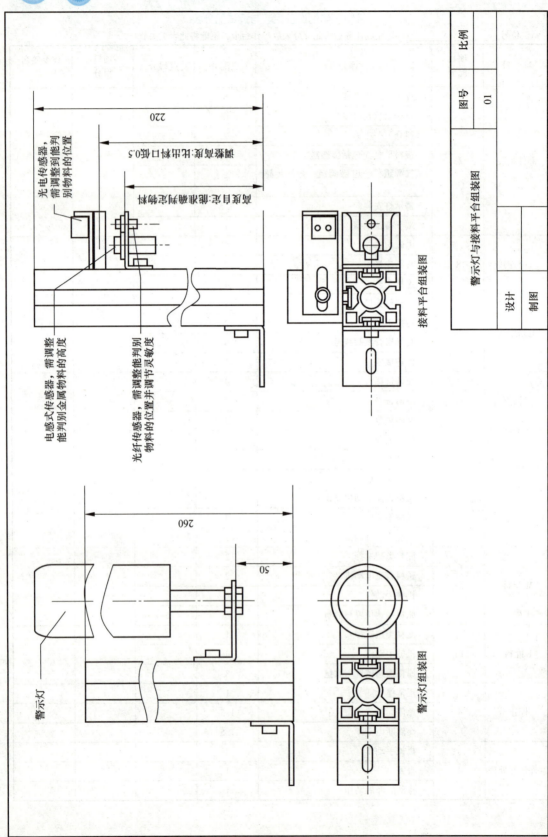

项目10 机电设备装调工考级综合训练

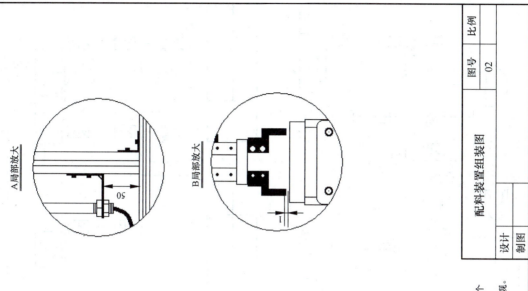

组装要求与说明：
(1). 图中注有※标注的尺寸，需要根据工作要求调整；其余标注的尺寸与实际安装误差不大于±0.5mm。
(2). 部件的安装高度，以工作台面为基准；以实训台左右两端开口的塑料盖板的尺寸为基准时，端面不包括封口的硬塑盖。
(3). 三相交流异步电动机转轴与皮带轮主轴之间的联轴器同心度不能有明显偏差；传送带支架的安装，以测量四个支撑脚处高度差不超过1mm为合格。
(4). 传感器的灵敏度，均需根据实际生产要求进行调整。
(5). 凡是拟安装的固定螺栓，必须垫有垫片。

电路与气路的布线不能扎在一起，应分别布线与绑扎，并做到整齐美观。

配料装置组装图

图号	比例
02	

设计	
制图	

189

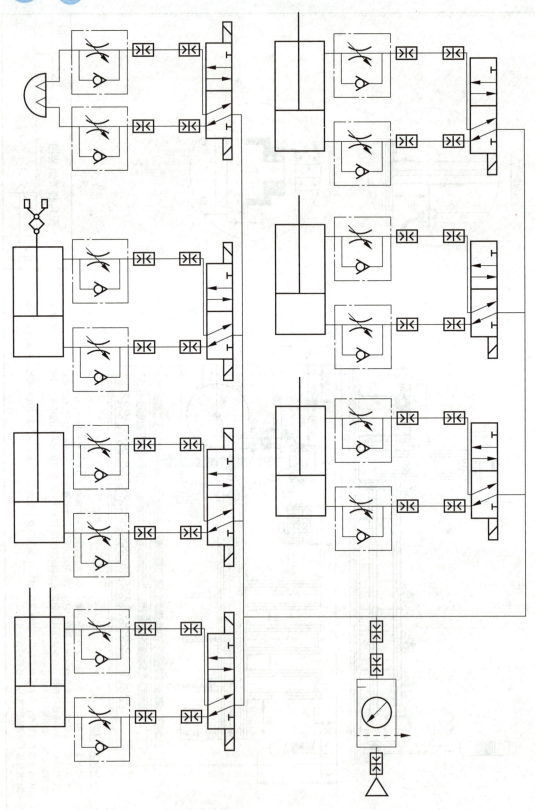

参 考 文 献

[1] 朱仁盛. 机械拆装工艺与技术训练［M］. 北京：电子工业出版社，2009.
[2] 邬建忠. 机械制造技术－测量技术基础与训练［M］. 北京：高等教育出版社，2007.
[3] 李登万. 液压与气压传动［M］. 南京：东南大学出版社，2006.
[4] 王守城. 段俊勇. 液压元件及选用——液压系统设计丛书［M］. 北京：化学工业出版社，2007.
[5] 王金娟，周建清. 机电设备组装与调试技能训练［M］. 北京：机械工业出版社，2009.

参考文献

[1] 王广宇. 操作风险与资本协议 [M]. 北京: 中国金融出版社, 2006.
[2] 樊欣, 杨晓光. 从媒体报道看我国银行业操作风险 [J]. 国际金融研究, 2003.
[3] 章彰. 解读巴塞尔新资本协议 [M]. 北京: 中国经济出版社, 2005.
[4] 陈忠阳. 现代金融机构风险管理——原理、策略及中国实践 [M]. 北京: 中国人民大学出版社, 2007.
[5] 王立新. 银行业与证券业操作风险管理 [M]. 北京: 中国金融出版社, 2006.